2023

京津冀
科技统计年鉴

河北省科学技术情报研究院
北京市科学技术研究院　编著
天津市科学技术发展战略研究院

科学技术文献出版社
SCIENTIFIC AND TECHNICAL DOCUMENTATION PRESS
·北京·

图书在版编目（CIP）数据

2023京津冀科技统计年鉴 / 河北省科学技术情报研究院，北京市科学技术研究院，天津市科学技术发展战略研究院编著. -- 北京：科学技术文献出版社，2024. 6. -- ISBN 978-7-5235-1529-7

Ⅰ. G322. 72-54

中国国家版本馆 CIP 数据核字第 2024GP8203 号

2023京津冀科技统计年鉴

策划编辑：郝迎聪　　责任编辑：王　培　　责任校对：王瑞瑞　　责任出版：张志平

出 版 者　科学技术文献出版社
地　　址　北京市复兴路15号　　邮编 100038
出 版 部　（010）58882941，58882087（传真）
发 行 部　（010）58882868，58882870（传真）
官方网址　www.stdp.com.cn
发 行 者　科学技术文献出版社发行　全国各地新华书店经销
印 刷 者　北京厚诚则铭印刷科技有限公司
版　　次　2024 年 6 月第 1 版　2024 年 6 月第 1 次印刷
开　　本　889 × 1194　1/16
字　　数　206千
印　　张　9.5
书　　号　ISBN 978-7-5235-1529-7
定　　价　36.00元

《2023京津冀科技统计年鉴》

编委会成员

编者说明

一、《2023京津冀科技统计年鉴》（简称《年鉴》）由河北省科学技术情报研究院、北京市科学技术研究院和天津市科学技术发展战略研究院联合编辑制作完成。《年鉴》主要反映了京津冀的科技活动情况，收录了2017—2022年三地相关科技统计数据。

二、《年鉴》正文分为16个部分。第一部分为京津冀科技活动综合统计资料，数据来源于《中国统计年鉴》、《中国科技统计年鉴》和三地相关统计资料；第二至第五部分分别为财政、科学研究和技术服务业事业单位、工业企业和高等学校科技活动统计资料，数据来源于《中国统计年鉴》、《中国科技统计年鉴》、全国科学研究和技术服务业科技活动单位统计调查及全国地方财政科学技术支出统计调查等相关统计资料；第六部分为高技术产业发展统计资料，数据来源于《中国高技术产业统计年鉴》；第七部分为企业创新统计资料，数据来源于《全国企业创新调查年鉴》；第八部分为创新产出统计资料，数据来源于《知识产权统计年报》和《中国科技统计年鉴》；第九至第十四部分分别为国家高新技术产业开发区、科技企业孵化器、国家级高新技术企业、国家大学科技园、火炬特色产业基地、创新型产业集群统计资料，数据来源于《中国火炬统计年鉴》；第十五部分为科学技术普及统计资料，数据来源于《中国科普统计》；第十六部分为主要统计指标解释。

三、《年鉴》中部分数据合计数或相对数由于计量单位取舍不同而产生的计算误差，均未做机械调整。

四、有关符号说明："#"表示是其中的主要项；"①"等表示该表下有注解；"空格"表示该项统计指标数据不足该表最小单位数、不详或无该项数据。

目　录

2023/京津冀科技统计年鉴

第一部分

综　合

表 1-1 京津冀主要社会、经济指标情况（2022 年）

项目	全国	京津冀合计	北京	天津	河北	京津冀占比 /%
			北京	天津	河北	
常住人口 / 万人①	**141 175**	**10 967**	2184	1363	7420	**7.8**
地区生产总值 / 亿元	**1 210 207**	**100 293**	41 611	16 311	42 370	**8.3**
第一产业	**88 260**	**4795**	112	273	4410	**5.4**
第二产业	**480 807**	**29 694**	6605	6039	17 050	**6.2**
# 工业增加值	**398 815**	**25 114**	5036	5403	14 675	**6.3**
第三产业	**634 396**	**65 804**	34 894	9999	20 910	**10.4**
人均生产总值 /（元 / 人）	**85 698**		190 313	119 235	56 995	
农、林、牧、渔业总产值 / 亿元	**156 066**	**8457**	268	521	7667	**5.4**
一般公共预算收入 / 亿元	**108 762**	**11 617**	5714	1847	4056	**10.7**
一般公共预算支出 / 亿元	**224 981**	**19 505**	7469	2730	9306	**8.7**
固定资产投资比上年增长情况 /%	**5.1**		3.6	−9.9	7.9	
沿海港口货物吞吐量 / 亿吨	**101.3**	**7.4**	0	5.5	1.9	**7.3**
邮电业务总量 / 亿元	**31 818**	**2472**	843	342	1287	**7.8**
社会消费品零售总额 / 亿元	**439 733**	**31 086**	13 794	3572	13 720	**7.1**
货物进出口总额 / 亿美元	**62 701**	**7531**	5461	1246	824	**12.0**
# 出口	**35 605**	**1935**	881	561	493	**5.4**
城镇非私营单位从业人员工资总额 / 亿元	**190 820**	**24 187**	15 852	3212	5122	**12.7**
城镇非私营单位从业人员平均工资 / 元	**114 029**		208 977	129 522	90 745	

注：全国数据为年度人口抽样调查推算数据，京津冀数据为常住人口口径。
地区生产总值全国数据为国内生产总值。

表 1-2　京津冀全省（市）财政收支情况（2022 年）

单位：亿元

地区	地方财政科技支出合计	地方财政支出	科技支出占财政支出的比重 /%	地方财政收入
全国	**6817**	**224 981**	**3.03**	**108 762**
京津冀合计	**669**	**19 505**	**3.43**	**11 617**
北京	489	7469	6.55	5714
天津	62	2730	2.27	1847
河北	118	9306	1.27	4056
京津冀占比 /%	**9.8**	**8.7**		**10.7**

表 1-3　京津冀省（市）本级财政收支情况（2022 年）

单位：亿元

地区	地方财政科技支出合计	地方财政支出	科技支出占财政支出的比重 /%	地方财政收入
全国	**1498**	**39 284**	**3.81**	**20 620**
京津冀合计	**441**	**5285**	**8.33**	**4514**
北京	398	3121	12.75	3151
天津	15	1043	1.44	740
河北	28	1121	2.50	623
京津冀占比 /%	**29.4**	**13.5**		**21.9**

表 1-4　京津冀研究与试验发展（R&D）情况（2017—2022 年）

项目	2017 年	2018 年	2019 年	2020 年	2021 年	2022 年
R&D 人员 / 人						
全国	**6 213 627**	**6 571 372**	**7 129 256**	**7 552 986**	**8 580 860**	**9 401 258**
京津冀合计	**748 602**	**726 671**	**791 217**	**805 768**	**852 231**	**965 399**
北京	397 281	397 034	464 178	473 304	472 860	546 747
天津	165 638	160 683	143 888	136 341	166 037	160 846
河北	185 683	168 954	183 151	196 123	213 334	257 806
京津冀占比 /%	**12.0**	**11.1**	**11.1**	**10.7**	**9.9**	**10.3**
R&D 人员全时当量 / 人年						
全国	**4 033 597**	**4 381 444**	**4 800 768**	**5 234 508**	**5 716 330**	**6 353 570**
京津冀合计	**486 113**	**470 103**	**518 287**	**551 978**	**566 892**	**635 447**
北京	269 835	267 338	313 986	336 280	338 297	373 235
天津	103 087	99 490	92 502	90 640	102 986	103 499
河北	113 191	103 275	111 799	125 058	125 609	158 713
京津冀占比 /%	**12.1**	**10.7**	**10.8**	**10.5**	**9.9**	**10.0**
R&D 经费内部支出 / 亿元						
全国	**17 606**	**19 678**	**22 144**	**24 393**	**27 956**	**30 783**
京津冀合计	**2491**	**2863**	**3264**	**3446**	**3948**	**4261**
北京	1580	1871	2234	2327	2629	2843
天津	459	492	463	485	574	569
河北	452	500	567	634	745	849
京津冀占比 /%	**14.1**	**14.5**	**14.7**	**14.1**	**14.1**	**13.8**
R&D 经费投入占 GDP 比重 /%						
全国	**2.1**	**2.2**	**2.2**	**2.4**	**2.4**	**2.6**
京津冀合计	**3.1**	**3.4**	**3.9**	**4.0**	**4.1**	**4.2**
北京	5.6	6.2	6.3	6.4	6.5	6.8
天津	2.5	2.6	3.3	3.4	3.7	3.5
河北	1.3	1.4	1.6	1.8	1.8	2.0

表 1-5　京津冀研究与试验发展（R&D）人员全时当量情况（2022 年）

单位：人年

地区	R&D 人员全时当量	# 研究人员	# 基础研究	应用研究	试验发展
全国	**6 353 570**	**2 637 193**	**509 114**	**741 040**	**5 103 431**
京津冀合计	**635 447**	**370 333**	**269 348**	**148 077**	**382 668**
北京	373 235	249 171	249 171	110 283	178 429
天津	103 499	53 963	10 908	15 969	76 620
河北	158 713	67 198	9270	21 825	127 620
京津冀占比 /%	**10.0**	**14.0**	**52.9**	**20.0**	**7.5**

表 1-6　京津冀研究与试验发展（R&D）经费内部支出情况（2022 年）

单位：亿元

地区	R&D 经费内部支出	基础研究	应用研究	试验发展
全国	**307 828 823**	**20 234 599**	**34 825 174**	**252 769 051**
京津冀合计	**42 609 040**	**5 227 838**	**8 841 315**	**28 539 887**
北京	28 433 394	4 706 662	7 311 006	16 415 727
天津	5 686 565	248 128	765 958	4 672 480
河北	8 489 080	273 048	764 351	7 451 681
京津冀占比 /%	**13.8**	**25.8**	**25.4**	**11.3**

表 1-7　京津冀研究与试验发展（R&D）经费内部支出按支出用途分布情况（2022 年）

单位：亿元

地区	R&D 经费内部支出	日常性支出	# 人员劳务费	资产性支出	# 仪器和设备
全国	**307 828 823**	**281 293 790**	**106 568 085**	**26 535 033**	**22 016 471**
京津冀合计	**42 609 040**	**38 472 536**	**14 704 742**	**4 136 503**	**3 380 436**
北京	28 433 394	25 324 198	10 582 789	3 109 196	2 510 375
天津	5 686 565	5 238 589	1 877 376	447 977	382 062
河北	8 489 080	7 909 750	2 244 577	579 330	487 999
京津冀占比 /%	**13.8**	**13.7**	**13.8**	**15.6**	**15.4**

表 1-8 京津冀研究与试验发展（R&D）经费内部支出按资金来源分布情况（2022 年）

单位：亿元

地区	R&D 经费内部支出	政府资金	企业资金	国外资金	其他资金
全国	**307 828 823**	**54 709 432**	**243 232 865**	**527 317**	**9 359 210**
京津冀合计	**42 609 040**	**14 576 516**	**25 335 868**	**157 393**	**2 539 262**
北京	28 433 394	12 896 678	13 422 113	146 522	1 968 082
天津	5 686 565	758 228	4 663 415	10 161	254 762
河北	8 489 080	921 610	7 250 341	710	316 419
京津冀占比 /%	**13.8**	**26.6**	**10.4**	**29.8**	**27.1**

表 1-9 京津冀专利情况（2017—2022 年）

单位：件

项目	2017 年	2018 年	2019 年	2020 年	2021 年	2022 年
专利申请受理数						
全国	**3 536 333**	**4 146 772**	**4 195 104**	**5 016 030**	**5 060 312**	**5 186 407**
京津冀合计	**334 212**	**394 035**	**423 432**	**491 287**	**504 310**	**528 947**
北京	185 928	211 212	226 113	254 165	283 134	307 175
天津	86 996	99 038	96 045	111 514	90 471	84 335
河北	61 288	83 785	101 274	125 608	130 705	137 437
京津冀占比 /%	**9.5**	**9.5**	**10.1**	**9.8**	**10.0**	**10.2**
专利申请授权数						
全国	**1 720 828**	**2 335 411**	**2 474 406**	**3 520 901**	**4 467 165**	**4 201 203**
京津冀合计	**183 971**	**230 070**	**247 324**	**330 454**	**416 722**	**389 581**
北京	106 948	123 496	131 716	162 824	198 778	202 722
天津	41 675	54 680	57 799	75 434	97 910	71 545
河北	35 348	51 894	57 809	92 196	120 034	115 314
京津冀占比 /%	**10.7**	**9.9**	**10.0**	**9.4**	**9.3**	**9.3**
国内有效专利数						
全国	**6 324 215**	**7 517 791**	**8 812 070**	**11 236 868**	**14 417 426**	**16 840 692**
京津冀合计	**767 938**	**898 769**	**1 047 376**	**1 279 655**	**1 577 788**	**1 803 338**
北京	494 941	569 929	653 053	768 090	913 616	1 046 715
天津	144 706	168 876	198 946	245 540	308 263	332 539
河北	128 291	159 964	195 377	266 025	355 909	424 084
京津冀占比 /%	**12.1**	**12.0**	**11.9**	**11.4**	**10.9**	**10.7**

表 1-10　京津冀技术市场技术合同成交情况（2017—2022 年）

项目	2017 年	2018 年	2019 年	2020 年	2021 年	2022 年
技术输出地域合同数 / 项						
全国	**367 586**	**411 985**	**484 077**	**549 353**	**670 506**	**772 507**
京津冀合计	**97 876**	**99 940**	**104 318**	**101 604**	**117 350**	**122 567**
北京	81 311	82 486	83 171	84 451	93 563	95 061
天津	12 168	11 214	13 885	9685	12 048	12 299
河北	4397	6240	7262	7468	11 739	15 207
京津冀占比 /%	**26.6**	**24.3**	**21.5**	**18.5**	**17.5**	**15.9**
技术输出地域合同金额 / 亿元						
全国	**13 424**	**17 697**	**22 398**	**28 252**	**37 294**	**47 791**
京津冀合计	**5127**	**5920**	**6985**	**7961**	**9010**	**10 602**
北京	4487	4958	5695	6316	7006	7948
天津	551	686	909	1090	1257	1651
河北	89	276	381	555	747	1004
京津冀占比 /%	**38.2**	**33.5**	**31.2**	**28.2**	**24.2**	**22.2**
技术流向地域合同数 / 项						
全国	**367 586**	**411 985**	**484 077**	**549 353**	**670 506**	**772 507**
京津冀合计	**74 261**	**81 094**	**87 738**	**86 084**	**97 060**	**97 923**
北京	55 944	61 213	65 137	65 548	71 405	69 630
天津	10 208	9309	11 277	8466	9886	10 627
河北	8109	10 572	11 324	12 070	15 769	17 666
京津冀占比 /%	**20.2**	**19.7**	**18.1**	**15.7**	**14.5**	**12.7**
技术流向地域合同金额 / 亿元						
全国	**13 424**	**17 697**	**22 398**	**28 252**	**37 294**	**47 791**
京津冀合计	**2612**	**3091**	**4270**	**4453**	**5193**	**6229**
北京	1888	2247	3224	3129	3439	4113
天津	421	348	462	617	600	783
河北	303	496	584	707	1154	1333
京津冀占比 /%	**19.5**	**17.5**	**19.1**	**15.8**	**13.9**	**13.0**

第二部分

财　政

表 2-1　京津冀一般公共预算收入情况（2022 年）

单位：亿元

项目	全国	京津冀合计	北京	天津	河北	京津冀占比 /%
地方一般公共预算收入	**108 762**	**11 617**	5714	1847	4056	**10.7**
税收收入	**76 643**	**8457**	4867	1347	2243	**11.0**
国内增值税	**24 462**	**2505**	1315	511	679	**10.2**
企业所得税	**15 828**	**2102**	1449	307	346	**13.3**
个人所得税	**5969**	**976**	785	114	78	**16.4**
资源税	**3280**	**123**	32	13	78	**3.8**
城市维护建设税	**4816**	**453**	218	95	140	**9.4**
房产税	**3590**	**515**	337	83	96	**14.4**
印花税	**1631**	**208**	108	41	59	**12.8**
城镇土地使用税	**2226**	**192**	19	14	159	**8.6**
土地增值税	**6349**	**634**	335	86	213	**10.0**
车船税	**1072**	**111**	34	15	62	**10.4**
耕地占用税	**1257**	**127**	3	2	123	**10.1**
契税	**5794**	**480**	220	64	195	**8.3**
烟叶税	**133**	**0.24**	0	0	0.24	**0.2**
环境保护税	**211**	**27**	10	3	14	**12.8**
其他税收收入	**25**	**3**	3	0	0	**12.0**
非税收入	**32 119**	**3160**	847	500	1813	**9.8**
专项收入	**8217**	**848**	349	119	380	**10.3**
行政事业性收费收入	**3576**	**190**	59	24	107	**5.3**
罚没收入	**3687**	**322**	61	111	150	**8.7**
国有资本经营收入	**1272**	**92**	15	1	76	**7.2**
国有资源（资产）有偿收入	**12 551**	**1388**	230	197	961	**11.1**
其他收入	**2816**	**320**	133	47	140	**11.4**

表 2-2　京津冀一般公共预算支出情况（2022 年）

单位：亿元

项目	全国	京津冀合计				京津冀占比 /%
			北京	天津	河北	
地方一般公共预算支出	**224 981**	**19 505**	7469	2730	9306	**8.7**
一般公共服务支出	**19 301**	**1688**	589	216	883	**8.7**
外交支出	**2**	**0**	0	0	0	**0.0**
国防支出	**253**	**19**	8	1	9	**7.5**
公共安全支出	**12 456**	**1160**	518	202	440	**9.3**
教育支出	**37 923**	**3421**	1171	479	1771	**9.0**
科学技术支出	**6817**	**669**	489	62	118	**9.8**
文化旅游体育与传媒支出	**3740**	**377**	205	30	142	**10.1**
社会保障和就业支出	**35 776**	**3232**	1068	546	1618	**9.0**
卫生健康支出	**22 316**	**1878**	776	177	925	**8.4**
节能环保支出	**5236**	**571**	223	29	319	**10.9**
城乡社区支出	**19 422**	**2150**	809	272	1069	**11.1**
农林水支出	**22 250**	**1445**	463	110	872	**6.5**
交通运输支出	**11 409**	**764**	395	82	287	**6.7**
资源勘探工业信息等支出	**7058**	**610**	197	249	164	**8.6**
商业服务业等支出	**1798**	**115**	32	45	38	**6.4**
金融支出	**1040**	**34**	21	6	7	**3.3**
援助其他地区支出	**418**	**89**	54	27	8	**21.3**
自然资源海洋气象等支出	**2194**	**192**	37	36	119	**8.8**
住房保障支出	**6881**	**413**	152	56	205	**6.0**
粮油物资储备支出	**723**	**44**	19	8	17	**6.1**
债务付息支出	**4829**	**363**	83	66	214	**7.5**
债务发行费用支出	**21**	**1**	0	0	1	**4.8**
其他支出	**1298**	**132**	103	11	18	**10.2**

表 2-3 京津冀全省（市）财政科技支出情况（2017—2022 年）

项目	2017 年	2018 年	2019 年	2020 年	2021 年	2022 年
一般公共预算支出 / 亿元						
全国	**173 228**	**188 196**	**203 743**	**210 583**	**210 623**	**224 981**
京津冀合计	**16 747**	**18 300**	**19 273**	**19 290**	**19 206**	**19 505**
北京	6825	7471	7408	7116	7205	7469
天津	3283	3103	3556	3151	3153	2730
河北	6639	7726	8309	9023	8848	9306
京津冀占比 /%	**9.7**	**9.7**	**9.5**	**9.2**	**9.1**	**8.7**
财政科技支出 / 亿元						
全国	**4440**	**5206**	**5955**	**5802**	**6464**	**6817**
京津冀合计	**547**	**610**	**634**	**631**	**666**	**669**
北京	362	426	433	411	449	489
天津	116	107	110	118	104	62
河北	69	77	91	102	113	118
京津冀占比 /%	**12.3**	**11.7**	**10.6**	**10.9**	**10.3**	**9.8**
财政科技支出占一般公共预算支出的比重 /%						
全国	**2.6**	**2.8**	**2.9**	**2.8**	**3.1**	**3.0**
京津冀合计	**3.3**	**3.3**	**3.3**	**3.3**	**3.5**	**3.4**
北京	5.3	5.7	5.8	5.8	6.2	6.5
天津	3.5	3.4	3.1	3.7	3.3	2.3
河北	1.0	1.0	1.1	1.1	1.3	1.3

表 2-4　京津冀省（市）本级财政科技支出情况（2017—2022 年）

项目	2017 年	2018 年	2019 年	2020 年	2021 年	2022 年
一般公共预算支出 / 亿元						
全国	**28 710**	**30 947**	**32 415**	**33 791**	**37 085**	**39 284**
京津冀合计	**5090**	**5131**	**5250**	**4974**	**5157**	**5285**
北京	2862	3051	2924	2795	2855	3121
天津	1192	1096	1297	1102	1098	1043
河北	1036	984	1029	1077	1204	1121
京津冀占比 /%	**17.7**	**16.6**	**16.2**	**14.7**	**13.9**	**13.5**
财政科技支出 / 亿元						
全国	**1075**	**1180**	**1202**	**1214**	**1438**	**1498**
京津冀合计	**358**	**399**	**375**	**387**	**416**	**441**
北京	299	339	328	332	357	398
天津	41	41	19	27	28	15
河北	18	19	28	28	31	28
京津冀占比 /%	**33.3**	**33.8**	**31.2**	**31.9**	**28.9**	**29.4**
财政科技支出占一般公共预算支出的比重 /%						
全国	**3.7**	**3.8**	**3.7**	**3.6**	**3.9**	**3.8**
京津冀合计	**7.0**	**7.8**	**7.1**	**7.8**	**8.1**	**8.3**
北京	10.4	11.1	11.2	11.9	12.5	12.7
天津	3.4	3.7	1.5	2.5	2.6	1.4
河北	1.7	1.9	2.7	2.6	2.6	2.5

表 2-5　京津冀全省（市）财政科技支出按用途分布情况（2022 年）

单位：万元

项目	全国	京津冀合计				京津冀占比 /%
			北京	天津	河北	
地方财政科技支出合计	**68 165 213**	**6 689 976**	4 887 039	621 605	1 181 332	**9.8**
科学技术管理事务	**3 138 881**	**345 246**	157 057	24 115	164 074	**11.0**
基础研究	**5 190 495**	**410 418**	364 247	3175	42 996	**7.9**
应用研究	**3 616 093**	**1 095 489**	822 223	181 620	91 646	**30.3**
技术研究与开发	**19 316 514**	**759 248**	170 675	319 704	268 869	**3.9**
科技条件与服务	**4 108 831**	**305 092**	238 181	4516	62 395	**7.4**
社会科学	**499 672**	**61 405**	39 802	7924	13 679	**12.3**
科学技术普及	**1 377 774**	**147 216**	83 237	11 027	52 952	**10.7**
科技交流与合作	**229 239**	**13 168**	3607	1746	7815	**5.7**
科技重大项目	**3 048 528**	**90 247**	10 951	1536	77 760	**3.0**
其他科学技术支出	**27 639 186**	**3 462 447**	2 997 059	66 242	399 146	**12.5**

表 2-6　京津冀全省（市）本级财政科技支出按用途分布情况（2022 年）

单位：万元

项目	全国	京津冀合计				京津冀占比 /%
			北京	天津	河北	
地方财政科技支出合计	**14 979 669**	**4 401 909**	3 975 079	145 238	281 592	**29.4**
科学技术管理事务	**268 320**	**83 824**	34 123	7144	42 557	**31.2**
基础研究	**2 415 263**	**391 146**	363 746	3161	24 239	**16.2**
应用研究	**2 513 664**	**887 296**	794 625	30 905	61 766	**35.3**
技术研究与开发	**2 681 184**	**246 609**	130 945	67 334	48 330	**9.2**
科技条件与服务	**900 198**	**186 642**	181 238	2230	3174	**20.7**
社会科学	**356 236**	**58 559**	39 512	7924	11 123	**16.4**
科学技术普及	**384 249**	**87 397**	69 488	6620	11 289	**22.7**
科技交流与合作	**54 973**	**6090**	688	1019	4383	**11.1**
科技重大项目	**1 345 350**	**61 494**	7332	36	54 126	**4.6**
其他科学技术支出	**4 060 232**	**2 392 852**	2 353 382	18 865	20 605	**58.9**

表 2-7　北京市各区财政科技支出及占一般公共预算支出的比重（2022 年）

单位：万元

地区	财政科技支出	一般公共预算支出	财政科技支出占一般公共预算支出的比重 /%
各区合计	**920 988**	**43 048 990**	**2.14**
东城区	7897	2 499 137	0.32
西城区	48 721	4 349 700	1.12
朝阳区	114 668	5 623 646	2.04
丰台区	54 730	2 787 236	1.96
石景山区	17 254	1 213 006	1.42
海淀区	404 687	6 641 049	6.09
门头沟区	4101	989 358	0.41
房山区	5680	2 436 091	0.23
通州区	10 092	3 062 536	0.33
顺义区	41 540	3 254 774	1.28
昌平区	27 168	2 707 265	1.00
大兴区	89 958	2 434 596	3.69
怀柔区	13 720	1 206 691	1.14
平谷区	29 064	1 240 888	2.34
密云区	29 018	1 381 163	2.10
延庆区	22 690	1 221 854	1.86

表 2-8　天津市各区财政科技支出及占一般公共预算支出的比重（2022 年）

单位：万元

地区	财政科技支出	一般公共预算支出	财政科技支出占一般公共预算支出的比重 /%
各区合计	**476 368**	**16 792 711**	**2.84**
和平区	2358	539 644	0.44
河东区	2392	590 009	0.41
河西区	7029	868 807	0.81
南开区	1831	531 106	0.34
河北区	1919	425 325	0.45
红桥区	2471	380 329	0.65
东丽区	1776	672 260	0.26
西青区	10 503	1 045 109	1.00
津南区	7043	747 124	0.94
北辰区	3689	683 317	0.54
武清区	4485	1 191 942	0.38
宝坻区	576	444 729	0.13
滨海新区	427 556	6 845 871	6.25
宁河区	705	339 793	0.21
静海区	998	654 995	0.15
蓟州区	1037	832 351	0.12

表 2-9 河北省各地市财政科技支出及占一般公共预算支出的比重（2022 年）

单位：万元

地区	财政科技支出	一般公共预算支出	财政科技支出占一般公共预算支出的比重 /%
各市合计[①]	**842 236**	**75 056 710**	**1.12**
石家庄市	207 786	11 893 579	1.75
唐山市	105 424	9 369 039	1.13
秦皇岛市	20 585	3 161 096	0.65
邯郸市	97 443	8 456 166	1.15
邢台市	56 281	6 149 177	0.92
保定市	124 766	8 208 595	1.52
张家口市	29 511	6 087 575	0.48
承德市	23 016	4 363 601	0.53
沧州市	48 362	7 098 189	0.68
廊坊市	65 286	6 050 582	1.08
衡水市	63 776	4 219 111	1.51

① 各市合计数不含雄安新区及定州、辛集数据。

第三部分

科学研究和技术服务业事业单位

（一）全部科学研究和技术服务业事业单位

表 3-1 京津冀科学研究和技术服务业事业单位基本情况（2019—2022 年）

项目	2019 年	2020 年	2021 年	2022 年
机构数 / 个				
全国	**5929**	**6264**	**6246**	**6457**
京津冀合计	**700**	**681**	**638**	**626**
北京	432	445	417	401
天津	153	116	97	103
河北	115	120	124	122
京津冀占比 /%	**11.8**	**10.9**	**10.2**	**9.7**
从业人员 / 人				
全国	**630 976**	**675 817**	**703 677**	**721 415**
京津冀合计	**146 577**	**151 446**	**153 736**	**151 886**
北京	113 979	119 935	122 538	122 558
天津	16 696	14 667	15 519	15 761
河北	15 902	16 844	15 679	13 567
京津冀占比 /%	**23.2**	**22.4**	**21.8**	**21.1**
R&D 人员全时当量 / 人年				
全国	**287 371**	**319 982**	**347 597**	**376 588**
京津冀合计	**77 954**	**86 119**	**87 963**	**92 293**
北京	68 317	76 381	78 147	81 816
天津	5671	5186	4943	5764
河北	3966	4552	4873	4713
京津冀占比 /%	**27.1**	**26.9**	**25.3**	**24.5**
R&D 经费内部支出 / 亿元				
全国	**1586**	**1762**	**2029**	**2177**
京津冀合计	**555**	**556**	**626**	**646**
北京	505	509	573	594
天津	32	28	34	33
河北	18	19	19	19
京津冀占比 /%	**35.0**	**31.6**	**30.9**	**29.7**

续表

项目	2019 年	2020 年	2021 年	2022 年
专利申请数 / 件				
全国	**47 667**	**53 600**	**63 577**	**72 098**
京津冀合计	**11 349**	**12 522**	**13 926**	**14 389**
北京	9693	10 630	11 716	12 300
天津	1056	1084	1315	1200
河北	600	808	895	889
京津冀占比 /%	**23.8**	**23.4**	**21.9**	**20.0**
有效发明专利 / 件				
全国	**114 171**	**136 364**	**157 813**	**187 267**
京津冀合计	**36 448**	**44 250**	**48 917**	**58 254**
北京	34 018	41 374	45 018	53 666
天津	1439	1667	2243	3068
河北	991	1209	1656	1520
京津冀占比 /%	**31.9**	**32.4**	**31.0**	**31.1**

表 3-2　京津冀科学研究和技术服务业事业单位 R&D 人员情况（2022 年）

单位：人

地区	R&D 人员合计	# 女性	# 博士毕业	硕士毕业	本科毕业	# 全时人员
全国	**470 823**	**175 641**	**138 624**	**150 872**	**135 333**	**311 630**
京津冀合计	**119 669**	**51 736**	**48 271**	**36 872**	**24 484**	**78 464**
北京	106 397	46 208	45 804	31 794	19 883	69 490
天津	7664	3309	1731	3177	2266	4686
河北	5608	2219	736	1901	2335	4288
京津冀占比 /%	**25.4**	**29.5**	**34.8**	**24.4**	**18.1**	**25.2**

表 3-3　京津冀科学研究和技术服务业事业单位 R&D 全时人员按活动类型分布情况（2022 年）

单位：人年

地区	R&D 人员全时当量	# 研究人员	# 基础研究	应用研究	试验发展
全国	**376 588**	**269 247**	**111 719**	**128 388**	**136 481**
京津冀合计	**92 293**	**68 973**	**39 161**	**37 368**	**15 764**
北京	81 816	61 150	37 717	33 607	10 492
天津	5764	4070	935	2419	2410
河北	4713	3753	509	1342	2862
京津冀占比 /%	**24.5**	**25.6**	**35.1**	**29.1**	**11.6**

表 3-4　京津冀科学研究和技术服务业事业单位 R&D 经费内部支出按活动类型分布情况（2022 年）

单位：万元

地区	R&D 经费内部支出	基础研究	应用研究	试验发展
全国	**21 769 267**	**6 218 964**	**8 332 428**	**7 217 875**
京津冀合计	**6 456 831**	**2 566 608**	**2 993 427**	**896 795**
北京	5 935 209	2 516 808	2 796 917	621 485
天津	331 387	33 549	135 296	162 541
河北	190 235	16 251	61 214	112 769
京津冀占比 /%	**29.7**	**41.3**	**35.9**	**12.4**

表 3-5　京津冀科学研究和技术服务业事业单位 R&D 经费内部支出按支出用途分布情况（2022 年）

单位：万元

地区	R&D 经费内部支出	日常性支出	# 人员劳务费	资产性支出	# 仪器和设备支出
全国	**21 769 267**	**16 683 403**	**8 434 078**	**5 085 864**	**3 367 943**
京津冀合计	**6 456 831**	**5 043 618**	**2 426 073**	**1 413 214**	**1 011 785**
北京	5 935 209	4 589 723	2 177 841	1 345 487	959 551
天津	331 387	284 441	154 929	46 946	39 469
河北	190 235	169 454	93 303	20 781	12 765
京津冀占比 /%	**29.7**	**30.2**	**28.8**	**27.8**	**30.0**

表 3-6 京津冀科学研究和技术服务业事业单位 R&D 经费内部支出按资金来源分布情况（2022 年）

单位：万元

地区	R&D 经费内部支出	政府资金	企业资金	国外资金	其他资金
全国	**21 769 267**	**17 731 871**	**1 851 436**	**70 354**	**2 115 605**
京津冀合计	**6 456 831**	**5 420 133**	**531 336**	**41 304**	**464 059**
北京	5 935 209	5 033 816	471 151	41 104	389 139
天津	331 387	224 175	52 090	0	55 122
河北	190 235	162 142	8095	200	19 798
京津冀占比 /%	**29.7**	**30.6**	**28.7**	**58.7**	**21.9**

表 3-7 京津冀科学研究和技术服务业事业单位 R&D 经费外部支出情况（2022 年）

单位：万元

地区	R&D 经费外部支出	对境内研究机构支出	对境内高等学校支出	对境内企业支出	对境内其他单位支出	对境外机构支出
全国	**439 464**	**159 808**	**116 034**	**125 566**	**35 106**	**2950**
京津冀合计	**133 258**	**71 987**	**28 173**	**22 570**	**10 530**	**0**
北京	120 641	69 377	22 050	19 507	9707	0
天津	9525	2314	6030	915	267	0
河北	3092	296	93	2148	556	0
京津冀占比 /%	**30.3**	**45.0**	**24.3**	**18.0**	**30.0**	**0.0**

表 3-8 京津冀科学研究和技术服务业事业单位 R&D 课题情况（2022 年）

地区	R&D 课题数 / 项	R&D 课题人员折合全时工作量 / 人年	R&D 课题经费 / 万元
全国	**156 297**	**304 116**	**9 238 439**
京津冀合计	**47 480**	**75 178**	**2 982 447**
北京	43 311	66 708	2 791 865
天津	2598	4736	128 191
河北	1571	3734	62 391
京津冀占比 /%	**30.4**	**24.7**	**32.3**

表 3-9 京津冀科学研究和技术服务业事业单位科技产出情况（2022 年）

项目	全国	京津冀合计				京津冀占比 /%
			北京	天津	河北	
发表科技论文	**210 806**	**73 975**	68 235	3313	2427	**35.1**
# 国外发表	**99 300**	**38 275**	36 573	1210	492	**38.5**
出版科技著作 / 种	**6127**	**2534**	2273	123	138	**41.4**
专利申请数 / 件	**72 098**	**14 389**	12 300	1200	889	**20.0**
# 发明专利	**52 308**	**11 209**	10 011	747	451	**21.4**
有效发明专利 / 件	**187 267**	**58 254**	53 666	3068	1520	**31.1**
专利所有权转让及许可数 / 件	**5112**	**1656**	1541	100	15	**32.4**
专利所有权转让及许可收入 / 万元	**304 667**	**177 532**	173 744	3713	75	**58.3**
形成国家或行业标准数 / 项	**4917**	**1776**	1595	140	41	**36.1**

（二）地方部门属研究与开发机构

表 3-10 京津冀地方部门属科学研究和技术服务业事业单位基本情况（2019—2022 年）

项目	2019 年	2020 年	2021 年	2022 年
机构数 / 个				
全国	**5169**	**5535**	**5511**	**5733**
京津冀合计	**313**	**287**	**245**	**251**
北京	98	100	73	73
天津	125	91	73	78
河北	90	96	99	100
京津冀占比 /%	**6.1**	**5.2**	**4.4**	**4.4**
从业人员 / 人				
全国	**406 779**	**442 025**	**466 781**	**484 523**
京津冀合计	**28 154**	**26 986**	**27 279**	**27 546**
北京	12 014	12 770	12 484	12 920
天津	9580	7113	7448	7333
河北	6560	7103	7347	7293
京津冀占比 /%	**6.9**	**6.1**	**5.8**	**5.7**

续表

项目	2019 年	2020 年	2021 年	2022 年
R&D 人员全时当量 / 人年				
全国	**141 452**	**159 126**	**183 420**	**204 786**
京津冀合计	**10 486**	**10 347**	**10 725**	**12 203**
北京	5401	5863	6004	6901
天津	2898	2039	2092	2247
河北	2187	2445	2629	3055
京津冀占比 /%	**7.4**	**6.5**	**5.8**	**6.0**
R&D 经费内部支出 / 万元				
全国	**5 565 522**	**6 862 686**	**8 307 534**	**9 692 827**
京津冀合计	**460 041**	**478 804**	**548 062**	**690 887**
北京	244 436	279 478	294 651	425 398
天津	128 792	96 390	151 149	133 214
河北	86 813	102 936	102 262	132 275
京津冀占比 /%	**8.3**	**7.0**	**6.6**	**7.1**
专利申请数 / 件				
全国	**21 078**	**25 506**	**33 069**	**39 851**
京津冀合计	**1554**	**1475**	**1954**	**1959**
北京	668	731	968	1042
天津	534	351	486	406
河北	352	393	500	511
京津冀占比 /%	**7.4**	**5.8**	**5.9**	**4.9**
有效发明专利数 / 件				
全国	**37 091**	**44 117**	**55 455**	**70 983**
京津冀合计	**3665**	**3860**	**4791**	**6778**
北京	2303	2311	3022	4692
天津	714	738	728	913
河北	648	811	1041	1173
京津冀占比 /%	**9.9**	**8.7**	**8.6**	**9.5**

表 3–11　京津冀地方部门属科学研究和技术服务业事业单位 R&D 人员情况（2022 年）

单位：人

地区	R&D 人员合计	# 女性	# 博士毕业	硕士毕业	本科毕业	# 全时人员
全国	**256 025**	**91 515**	**53 077**	**86 252**	**91 059**	**168 977**
京津冀合计	**14 839**	**7348**	**3666**	**5083**	**4372**	**10 603**
北京	7797	4238	2470	2478	1776	6275
天津	3360	1460	716	1276	1160	1564
河北	3682	1650	480	1329	1436	2764
京津冀占比 /%	**5.8**	**8.0**	**6.9**	**5.9**	**4.8**	**6.3**

表 3–12　京津冀地方部门属科学研究和技术服务业事业单位 R&D 人员全时当量按活动类型分布情况（2022 年）

单位：人年

地区	R&D 人员全时当量	# 研究人员	# 基础研究	应用研究	试验发展
全国	**204 786**	**146 020**	**38 096**	**61 369**	**105 321**
京津冀合计	**12 203**	**8405**	**3678**	**3445**	**5080**
北京	6901	4453	3191	2164	1546
天津	2247	1498	223	709	1315
河北	3055	2454	264	572	2219
京津冀占比 /%	**6.0**	**5.8**	**9.7**	**5.6**	**4.8**

表 3–13　京津冀地方部门属科学研究和技术服务业事业单位 R&D 经费内部支出按活动类型分布情况（2022 年）

单位：万元

地区	R&D 经费内部支出	基础研究	应用研究	试验发展
全国	**9 692 827**	**1 771 960**	**3 040 121**	**4 880 746**
京津冀合计	**690 887**	**240 046**	**194 660**	**256 181**
北京	425 398	225 624	126 968	72 806
天津	133 214	6714	40 821	85 679
河北	132 275	7708	26 871	97 696
京津冀占比 /%	**7.1**	**13.5**	**6.4**	**5.2**

表 3-14　京津冀地方部门属科学研究和技术服务业事业单位 R&D 经费内部支出按支出用途分布情况（2022 年）

单位：万元

地区	R&D 经费内部支出	日常性支出	# 人员劳务费	资产性支出	# 仪器和设备支出
全国	**9 692 827**	**7 073 048**	**3 902 764**	**2 619 779**	**1 748 410**
京津冀合计	**690 887**	**575 914**	**297 079**	**114 972**	**97 495**
北京	425 398	342 544	175 435	82 854	68 900
天津	133 214	111 242	56 701	21 971	20 151
河北	132 275	122 128	64 943	10 147	8444
京津冀占比 /%	**7.1**	**8.1**	**7.6**	**4.4**	**5.6**

表 3-15　京津冀地方部门属科学研究和技术服务业事业单位 R&D 经费内部支出按资金来源分布情况（2022 年）

单位：万元

地区	R&D 经费内部支出	政府资金	企业资金	国外资金	其他资金
全国	**9 692 827**	**7 860 933**	**514 185**	**1479**	**1 316 230**
京津冀合计	**690 887**	**562 161**	**45 721**	**628**	**82 377**
北京	425 398	361 087	16 554	628	47 129
天津	133 214	82 482	27 697	0	23 035
河北	132 275	118 592	1470	0	12 213
京津冀占比 /%	**7.1**	**7.2**	**8.9**	**42.5**	**6.3**

表 3-16　京津冀地方部门属科学研究和技术服务业事业单位科技产出情况（2022 年）

项目	**全国**	**京津冀合计**	北京	天津	河北	**京津冀占比 /%**
发表科技论文 / 篇	**94 354**	**8695**	5609	1326	1760	**9.2**
# 国外发表	**30 563**	**3518**	2958	231	329	**11.5**
出版科技著作 / 种	**3242**	**387**	180	85	122	**11.9**
专利申请数 / 件	**39 851**	**1959**	1042	406	511	**4.9**
# 发明专利	**26 168**	**1142**	645	219	278	**4.4**
有效发明专利 / 件	**70 983**	**6778**	4692	913	1173	**9.5**
专利所有权转让及许可数 / 件	**2271**	**77**	24	38	15	**3.4**
专利所有权转让及许可收入 / 万元	**37 735**	**4680**	4312	293	75	**12.4**
形成国家或行业标准数 / 项	**2763**	**209**	134	51	24	**7.6**

第四部分

工业企业

表 4-1　京津冀规模以上工业企业基本情况（2017—2022 年）

项目	2017 年	2018 年	2019 年	2020 年	2021 年	2022 年
企业数 / 个						
全国	**372 729**	**378 440**	**377 815**	**399 375**	**441 517**	**472 009**
京津冀合计	**22 307**	**22 432**	**21 115**	**22 387**	**24 862**	**27 030**
北京	3231	3197	3121	3028	3073	3141
天津	4286	4292	4813	5120	5662	5812
河北	14 790	14 943	13 181	14 239	16 127	18 077
京津冀占比 /%	**6.0**	**5.9**	**5.6**	**5.6**	**5.6**	**5.7**
有研发机构的企业数 / 个						
全国	**70 636**	**72 607**	**85 274**	**94 072**	**108 667**	**124 303**
京津冀合计	**2191**	**1786**	**2729**	**3129**	**3366**	**5381**
北京	546	483	447	453	454	463
天津	464	403	433	479	537	520
河北	1181	900	1849	2197	2375	4398
京津冀占比 /%	**3.1**	**2.5**	**3.2**	**3.3**	**3.1**	**4.3**
有 R&D 活动的企业数 / 个						
全国	**102 218**	**104 820**	**129 198**	**146 691**	**169 224**	**175 619**
京津冀合计	**5124**	**4262**	**4776**	**5783**	**6798**	**7702**
北京	1192	1127	1127	1202	1243	1325
天津	1714	1387	1298	1444	1649	1631
河北	2218	1748	2351	3137	3906	4746
京津冀占比 /%	**5.0**	**4.1**	**3.7**	**3.9**	**4.0**	**4.4**
R&D 人员全时当量 / 人年						
全国	**2 736 244**	**2 981 234**	**3 151 828**	**3 460 409**	**3 826 651**	**4 214 666**
京津冀合计	**189 735**	**169 165**	**166 022**	**177 736**	**174 301**	**215 902**
北京	52 719	46 929	44 241	46 172	41 496	53 459
天津	57 881	53 280	45 685	45 227	49 404	51 110
河北	79 135	68 956	76 096	86 337	83 401	111 333
京津冀占比 /%	**6.9**	**5.7**	**5.3**	**5.1**	**4.6**	**5.1**

续表

项目	2017 年	2018 年	2019 年	2020 年	2021 年	2022 年
R&D 经费内部支出 / 亿元						
全国	**12 013**	**12 955**	**13 971**	**15 271**	**17 514**	**19 362**
京津冀合计	**861**	**909**	**937**	**1012**	**1135**	**1269**
北京	269	274	285	297	314	349
天津	241	253	213	229	251	285
河北	351	382	439	486	570	636
京津冀占比 /%	**7.2**	**7.0**	**6.7**	**6.6**	**6.5**	**6.6**
营业收入 / 亿元						
全国	**1 133 161**	**1 049 491**	**1 067 397**	**1 083 658**	**1 314 557**	**1 333 214**
京津冀合计	**78 816**	**79 629**	**83 483**	**86 068**	**105 722**	**102 795**
北京	20 722	21 959	23 419	23 849	28 745	27 714
天津	16 144	18 107	18 969	19 006	23 043	24 204
河北	41 950	39 563	41 095	43 213	53 934	50 877
京津冀占比 /%	**7.0**	**7.6**	**7.8**	**7.9**	**8.0**	**7.7**

表 4-2 京津冀规模以上工业企业生产经营情况（2022 年）

单位：亿元

地区	资产总计	营业收入		利润总额
			# 新产品销售收入	
全国	**1 601 926**	**1 333 214**	**3 279 829 736**	**84 162**
京津冀合计	**153 332**	**102 795**	**199 467 888**	**4895**
北京	66 052	27 714	56 037 315	1999
天津	25 797	24 204	48 684 233	1686
河北	61 483	50 877	94 746 340	1210
京津冀占比 /%	**9.6**	**7.7**	**6.1**	**5.8**

表 4-3　京津冀规模以上工业企业 R&D 人员情况（2022 年）

地区	R&D 人员 / 人		R&D 人员全时当量 / 人年	
		# 女性		# 研究人员
全国	**5 988 158**	**1 337 605**	**4 214 666**	**1 182 255**
京津冀合计	**326 892**	**78 320**	**215 902**	**72 372**
北京	79 152	22 773	53 459	23 204
天津	76 666	18 631	51 110	17 567
河北	171 074	36 916	111 333	31 601
京津冀占比 /%	**5.5**	**5.9**	**5.1**	**6.1**

表 4-4　京津冀规模以上工业企业 R&D 经费内部支出情况（2022 年）

单位：亿元

项目	全国	京津冀合计				京津冀占比 /%
			北京	天津	河北	
R&D 经费内部支出	**19 362**	**1270**	349	285	636	**6.6**
# 试验发展支出	**18 684**	**1218**	332	275	611	**6.5**
# 日常性支出	**18 176**	**1215**	331	266	618	**6.7**
# 人员劳务费	**6160**	**388**	139	89	160	**6.3**
资产性支出	**1186**	**54**	18	18	18	**4.6**
# 仪器和设备	**1153**	**53**	17	18	18	**4.6**
政府资金	**483**	**34**	26	3	5	**7.0**
企业资金	**18 851**	**1230**	321	278	631	**6.5**
境外资金	**15**	**2**	1	1	0	**13.3**
其他资金	**13**	**3**	1	2	0	**23.1**

表 4-5　京津冀规模以上工业企业 R&D 经费外部支出情况（2022 年）

单位：亿元

地区	R&D 经费外部支出	# 对境内研究机构支出	# 对境内高等学校支出
全国	**13 939 063**	**3 614 094**	**824 108**
京津冀合计	**845 015**	**95 235**	**48 995**
北京	402 257	53 261	18 795
天津	216 692	17 772	15 939
河北	226 067	24 202	14 262
京津冀占比 /%	**6.1**	**2.6**	**5.9**

表 4-6　京津冀规模以上工业企业办研发机构情况（2022 年）

地区	机构数 / 个	机构人员 / 人	# 博士和硕士	机构经费支出 / 亿元	仪器和设备原价 / 亿元
全国	**136 836**	**4 418 883**	**474 216**	**181 613 342**	**138 758 055**
京津冀合计	**6227**	**229 854**	**37 154**	**11 913 425**	**7 368 635**
北京	574	50 568	16 332	3 306 233	1 480 875
天津	643	42 608	8366	1 823 746	1 342 942
河北	5010	136 678	12 456	6 783 447	4 544 818
京津冀占比 /%	**4.6**	**5.2**	**7.8**	**6.6**	**5.3**

表 4-7　京津冀规模以上工业企业新产品开发和销售情况（2022 年）

地区	新产品开发项目数 / 项	新产品开发经费支出 / 亿元	新产品销售收入 / 亿元	# 出口
全国	**1 093 975**	**255 399 644**	**3 279 829 736**	**558 597 692**
京津冀合计	**67 719**	**18 271 330**	**199 467 888**	**26 766 305**
北京	16 838	6 503 315	56 037 315	9 631 096
天津	16 711	3 173 750	48 684 233	7 268 584
河北	34 170	8 594 266	94 746 340	9 866 625
京津冀占比 /%	**6.2**	**7.2**	**6.1**	**4.8**

表 4-8　京津冀规模以上工业企业专利情况（2022 年）

单位：件

地区	专利申请数		有效发明专利数
		# 发明专利	
全国	**1 507 296**	**554 615**	**1 981 098**
京津冀合计	**84 871**	**36 293**	**143 887**
北京	32 594	19 310	77 167
天津	18 488	6294	28 517
河北	33 789	10 689	38 203
京津冀占比 /%	**5.6**	**6.5**	**7.3**

表 4-9　京津冀规模以上工业企业技术获取和技术改造情况（2022 年）

单位：亿元

地区	引进技术经费支出	消化吸收经费支出	购买境内技术经费支出	技术改造经费支出
全国	**356**	**86**	**600**	**3968**
京津冀合计	**7**	**1**	**28**	**123**
北京	3	1	15	10
天津	3	0	2	28
河北	1	0	11	85
京津冀占比 /%	**1.9**	**1.1**	**4.7**	**3.1**

2023/京津冀科技统计年鉴

第五部分

高等学校

表 5-1　京津冀高等学校基本情况（2017—2022 年）

项目	2017 年	2018 年	2019 年	2020 年	2021 年	2022 年
R&D 人员全时当量 / 人年						
全国	**382 160**	**410 893**	**565 478**	**614 763**	**671 766**	**725 882**
京津冀合计	**57 703**	**60 126**	**93 271**	**101 129**	**110 951**	**120 560**
北京	35 207	36 546	63 119	68 308	73 760	83 037
天津	10 664	11 752	17 267	17 167	20 618	18 671
河北	11 832	11 828	12 885	15 654	16 573	18 852
京津冀占比 /%	**15.1**	**14.6**	**16.5**	**16.5**	**16.5**	**16.6**
R&D 经费内部支出 / 亿元						
全国	**1266**	**1458**	**1797**	**1883**	**2180**	**2412**
京津冀合计	**268**	**301**	**359**	**349**	**412**	**415**
北京	183	216	281	262	292	312
天津	64	61	53	57	86	48
河北	21	24	25	30	34	55
京津冀占比 /%	**21.2**	**20.6**	**20.0**	**18.5**	**18.9**	**17.2**
R&D 课题数 / 项						
全国	**966 780**	**1 076 903**	**1 188 769**	**1 288 633**	**1 436 251**	**1 539 845**
京津冀合计	**144 576**	**158 818**	**172 173**	**183 367**	**197 512**	**201 676**
北京	96 187	105 930	115 571	122 153	130 853	133 210
天津	23 157	25 764	27 651	29 370	31 865	30 131
河北	25 232	27 124	28 951	31 844	34 794	38 335
京津冀占比 /%	**15.0**	**14.7**	**14.5**	**14.2**	**13.8**	**13.1**
发表科技论文 / 篇						
全国	**1 308 110**	**1 389 912**	**1 447 336**	**1 493 932**	**1 577 932**	**1 657 992**
京津冀合计	**193 795**	**199 354**	**202 143**	**195 951**	**205 096**	**217 435**
北京	127 627	129 562	131 118	126 570	132 144	140 824
天津	28 644	35 322	35 702	34 443	38 591	41 282
河北	37 524	34 470	35 323	34 938	34 361	35 329
京津冀占比 /%	**14.8**	**14.3**	**14.0**	**13.1**	**13.0**	**13.1**

续表

项目	2017年	2018年	2019年	2020年	2021年	2022年
专利申请数 / 件						
全国	**277 524**	**320 790**	**340 685**	**340 360**	**381 565**	**354 852**
京津冀合计	**28 785**	**33 252**	**35 588**	**33 828**	**36 979**	**35 336**
北京	15 270	17 479	19 848	19 575	24 390	23 874
天津	7877	10 012	9666	6875	5993	5067
河北	5638	5761	6074	7378	6596	6395
京津冀占比 /%	**10.4**	**10.4**	**10.4**	**9.9**	**9.7**	**10.0**
有效发明专利 / 件						
全国	**303 283**	**357 010**	**414 032**	**492 903**	**600 653**	**729 348**
京津冀合计	**60 411**	**66 986**	**76 655**	**86 758**	**100 698**	**115 293**
北京	47 511	52 806	59 498	66 823	77 715	89 152
天津	8409	10 171	12 388	12 069	14 965	15 073
河北	4491	4009	4769	7866	8018	11 068
京津冀占比 /%	**19.9**	**18.8**	**18.5**	**17.6**	**16.8**	**15.8**

表 5-2 京津冀高等学校 R&D 人员情况（2022 年）

项目	全国	京津冀合计				京津冀占比 /%
			北京	天津	河北	
学校数 / 个	**2760**	**272**	92	56	124	**9.9**
教职工数 / 人	**2 842 993**	**336 036**	160 279	48 963	126 794	**11.8**
R&D 人员合计 / 人	**1 518 988**	**229 545**	146 363	34 851	48 331	**15.1**
# 女性	**588 725**	**79 631**	42 370	12 601	24 660	**13.5**
# 博士毕业	**597 832**	**110 021**	82 390	15 861	11 770	**18.4**
# 硕士毕业	**599 763**	**73 978**	35 078	13 194	25 706	**12.3**
# 本科毕业	**289 610**	**39 479**	23 980	5276	10 223	**13.6**
# 全时人员	**648 391**	**110 367**	78 998	16 876	14 493	**17.0**
R&D 人员全时当量 / 人年	**725 882**	**120 560**	83 037	18 671	18 852	**16.6**
# 研究人员	**647 443**	**110 520**	76 118	17 153	17 249	**17.1**
基础研究	**348 320**	**50 965**	34 031	8842	8092	**14.6**
应用研究	**328 192**	**62 012**	44 034	7896	10 082	**18.9**
试验发展	**49 370**	**7583**	4973	1932	678	**15.4**

表 5-3　京津冀高等学校 R&D 经费内部支出按活动类型分布情况（2022 年）

单位：万元

地区	R&D 经费内部支出	基础研究	应用研究	试验发展
全国	**24 123 987**	**9 969 529**	**11 770 967**	**2 383 491**
京津冀合计	**4 150 289**	**1 387 805**	**2 371 818**	**390 665**
北京	3 116 342	1 035 284	1 833 435	247 623
天津	482 098	141 703	257 876	82 519
河北	551 849	210 819	280 508	60 523
京津冀占比 /%	**17.2**	**13.9**	**20.1**	**16.4**

表 5-4　京津冀高等学校 R&D 经费内部支出按支出用途分布情况（2022 年）

单位：万元

地区	R&D 经费内部支出	日常性支出	# 人员劳务费	资产性支出	# 仪器和设备支出
全国	**24 123 987**	**19 202 169**	**6 322 814**	**4 921 818**	**3 488 529**
京津冀合计	**4 150 289**	**3 404 692**	**880 617**	**745 597**	**609 865**
北京	3 116 342	2 731 135	697 238	385 206	336 989
天津	482 098	381 772	96 607	100 327	63 202
河北	551 849	291 785	86 772	260 064	209 674
京津冀占比 /%	**17.2**	**17.7**	**13.9**	**15.1**	**17.5**

表 5-5　京津冀高等学校 R&D 经费内部支出按经费来源分布情况（2022 年）

单位：万元

地区	R&D 经费内部支出	政府资金	企业资金	国外资金	其他资金
全国	**24 123 987**	**13 841 975**	**7 796 993**	**68 706**	**2 416 314**
京津冀合计	**4 150 289**	**2 411 999**	**1 277 426**	**44 088**	**416 777**
北京	3 116 342	1 889 977	844 654	43 655	338 055
天津	482 098	242 382	207 758	429	31 530
河北	551 849	279 640	225 014	4	47 191
京津冀占比 /%	**17.2**	**17.4**	**16.4**	**64.2**	**17.2**

表 5-6　京津冀高等学校 R&D 课题情况（2022 年）

地区	R&D 课题数 / 项	投入人员 / 人年	投入经费 / 万元
全国	**1 539 845**	**725 846**	**14 412 878**
京津冀合计	**201 676**	**120 551**	**2 969 678**
北京	133 210	83 030	2 421 296
天津	30 131	18 673	320 061
河北	38 335	18 847	228 321
京津冀占比 /%	**13.1**	**16.6**	**20.6**

表 5-7　京津冀高等学校科技产出情况（2022 年）

项目	全国	京津冀合计				京津冀占比 /%
			北京	天津	河北	
发表科技论文 / 篇	**1 657 992**	**217 435**	140 824	41 282	35 329	**13.1**
# 国外发表	**797 599**	**111 289**	76 330	23 008	11 951	**14.0**
出版科技著作 / 种	**40 646**	**6013**	4345	564	1104	**14.8**
专利申请数 / 件	**354 852**	**35 336**	23 874	5067	6395	**10.0**
# 发明专利	**235 572**	**28 886**	20 926	4178	3782	**12.3**
有效发明专利 / 件	**729 348**	**115 293**	89 152	15 073	11 068	**15.8**
专利所有权转让及许可数 / 件	**21 566**	**2097**	911	368	818	**9.7**
专利所有权转让及许可收入 / 万元	**340 014**	**55 536**	44 796	7503	3237	**16.3**
形成国家或行业标准数 / 项	**1394**	**372**	300	1	71	**26.7**

第六部分

高技术产业

表 6-1 京津冀高技术产业基本情况（2017—2022 年）

项目	2017 年	2018 年	2019 年	2020 年	2021 年	2022 年
企业数 / 个						
全国	**32 027**	**33 573**	**35 833**	**40 194**	**45 646**	**50 074**
京津冀合计		**1901**	**2014**	**2178**	**2362**	**2556**
北京		799	853	884	937	1019
天津	457	452	491	549	585	598
河北		650	670	745	840	939
京津冀占比 /%		**5.7**	**5.6**	**5.4**	**5.2**	**5.1**
研发机构数 / 个						
全国	**15 696**	**16 052**	**17 969**	**20 185**	**23 041**	**25 084**
京津冀合计	**566**	**490**	**608**	**704**	**788**	**997**
北京	264	228	213	246	247	261
天津	111	103	102	137	159	169
河北	191	159	293	321	382	567
京津冀占比 /%	**3.6**	**3.1**	**3.4**	**3.5**	**3.4**	**4.0**
R&D 人员全时当量 / 人年						
全国	**747 310**	**824 567**	**860 961**	**990 314**	**1 119 630**	**1 253 952**
京津冀合计	**54 508**	**46 023**	**42 162**	**46 830**	**48 985**	**60 052**
北京	23 611	21 991	20 692	23 546	23 104	30 279
天津	16 234	13 550	11 493	12 365	15 586	15 758
河北	14 663	10 482	9977	10 919	10 295	14 015
京津冀占比 /%	**7.3**	**5.6**	**4.9**	**4.7**	**4.4**	**4.8**
R&D 经费内部支出 / 亿元						
全国	**3183**	**3559**	**3804**	**4649**	**5685**	**6508**
京津冀合计	**242**	**246**	**234**	**283**	**341**	**385**
北京	132	134	147	158	212	221
天津	67	68	53	66	82	92
河北	43	44	34	59	47	72
京津冀占比 /%	**7.6**	**6.9**	**6.2**	**6.1**	**6.0**	**5.9**

续表

项目	2017 年	2018 年	2019 年	2020 年	2021 年	2022 年
从业人员平均人数 / 人						
全国		**13 176 645**	**12 880 355**	**13 866 556**	**14 668 409**	**14 872 175**
京津冀合计		**645 340**	**621 030**	**643 158**	**676 689**	**698 161**
北京		261 216	257 393	256 474	271 513	296 714
天津		186 944	178 777	185 898	186 013	181 952
河北		197 180	184 860	200 786	219 163	219 495
京津冀占比 /%		**4.9**	**4.8**	**4.6**	**4.6**	**4.7**
营业收入 / 亿元 ①						
全国	**159 376**	**157 001**	**158 849**	**174 613**	**209 896**	**223 404**
京津冀合计		**9577**	**10 146**	**11 222**	**15 813**	**13 968**
北京		5314	5850	6573	10 311	8141
天津	2729	2667	2720	2937	3339	3477
河北		1596	1576	1712	2163	2350
京津冀占比 /%		**6.1**	**6.4**	**6.4**	**7.5**	**6.3**
利润总额 / 亿元						
全国		**10 293**	**10 504**	**12 394**	**18 435**	**15 589**
京津冀合计		**683**	**876**	**971**	**3125**	**1307**
北京		401	522	555	**2592**	787
天津		157	165	200	264	255
河北		125	189	216	269	265
京津冀占比 /%		**6.6**	**8.3**	**7.8**	**17.0**	**8.4**

① 2016—2017 年的数据口径为主营业务收入，2018—2021 年的统计指标为营业收入。

表 6-2　京津冀高技术产业 R&D 相关情况（2022 年）

地区	有 R&D 活动的企业数 / 个	R&D 人员 / 人	# 全时人员	# 研究人员
全国	**28 471**	**1 693 645**	**1 319 050**	**579 142**
京津冀合计	**1386**	**85 541**	**66 644**	**36 281**
北京	601	42 353	33 580	19 481
天津	308	22 745	17 705	10 198
河北	477	20 443	15 359	6602
京津冀占比 /%	**4.9**	**5.1**	**5.1**	**6.3**

表 6-3　京津冀高技术产业新产品开发及销售情况（2022 年）

地区	新产品开发项目数 / 项	新产品开发经费支出 / 亿元	新产品销售收入 / 亿元	# 出口
全国	**256 482**	**8591**	**87 548**	**27 939**
京津冀合计	**18 125**	**618**	**5001**	**1450**
北京	8884	436	2926	837
天津	4273	104	1289	445
河北	4968	79	786	167
京津冀占比 /%	**7.1**	**7.2**	**5.7**	**5.2**

表 6-4　京津冀高技术产业 R&D 经费情况（2022 年）

单位：亿元

地区	R&D 经费内部支出	# 人员劳务费	# 仪器和设备	# 政府资金	# 企业资金	R&D 经费外部支出
全国	**6508**	**2521**	**465**	**306**	**6187**	**764**
京津冀合计	**385**	**142**	**24**	**24**	**357**	**58**
北京	221	86	13	20	199	28
天津	92	33	9	2	87	14
河北	72	23	2	2	70	16
京津冀占比 /%	**5.9**	**5.6**	**5.2**	**7.8**	**5.8**	**7.6**

表 6-5　京津冀高技术产业专利情况（2022 年）

单位：件

地区	专利申请数	# 发明专利	有效发明专利数
全国	**434 039**	**223 501**	**809 824**
京津冀合计	**25 773**	**16 113**	**64 281**
北京	17 170	12 039	49 331
天津	4705	2309	8372
河北	3898	1765	6578
京津冀占比 /%	**5.9**	**7.2**	**7.9**

表 6-6　京津冀高技术产业技术获取及技术改造情况（2022 年）

单位：万元

地区	技术引进经费支出	消化吸收经费支出	购买境内技术经费支出	技术改造经费支出
全国	**666 711**	**151 193**	**2 263 101**	**8 287 488**
京津冀合计	**2287**		**234 030**	**80 142**
北京	1484		127 692	8158
天津	803		5250	18 409
河北			101 087	53 575
京津冀占比 /%	**0.3**		**10.3**	**1.0**

表 6-7　京津冀高技术产业企业办研发机构情况（2022 年）

地区	有研发机构的企业数 / 个	机构数 / 个	机构人员 / 人	机构经费支出 / 亿元	# 仪器和设备
全国	**21 542**	**25 084**	**1 341 431**	**5792**	**3797**
京津冀合计	**771**	**997**	**59 039**	**356**	**165**
北京	218	261	26 423	196	72
天津	124	169	15 898	85	40
河北	429	567	16 718	75	53
京津冀占比 /%	**3.6**	**4.0**	**4.4**	**6.1**	**4.3**

表 6-8　京津冀高技术产业投资增长情况（2022 年）

单位：%

地区	全部投资增长	国有	内资	港澳台投资	外商投资
全国	**22.2**	**32.5**	**26.6**	**9.0**	**–7.4**
北京	28.3	27.4	33.2	33.2	17.3
天津	10.0	17.1	54.1	–4.9	–22.4
河北	35.5	302.5	37.7	11.9	12.7

第七部分

企业创新

表 7–1　规模（限额）以上企业创新活动总体情况（2022 年）

项目	全国	京津冀合计	北京	天津	河北	京津冀占比 /%
企业数 / 个	**1 066 880**	**82 594**	29 778	21 301	31 515	**7.7**
开展创新活动企业数 / 个	**450 042**	**31 147**	12 933	6029	12 185	**6.9**
# 实现创新企业	**422 127**	**27 809**	10 480	5662	11 667	**6.6**
# 同时实现四种创新企业	**68 652**	**3854**	1287	770	1797	**5.6**
# 既实现产品或工艺创新，也实现组织或营销创新的企业	**186 351**	**11 732**	4307	2391	5034	**6.3**
# 实现产品或工艺创新，未实现组织或营销创新的企业	**121 750**	**7679**	2665	1513	3501	**6.3**
# 实现组织或营销创新，未实现产品或工艺创新的企业	**114 026**	**8398**	3508	1758	3132	**7.4**
在全部企业中占比 /%						
开展创新活动企业	**42.2**	**37.7**	43.4	28.3	38.7	
# 实现创新企业	**39.6**	**33.7**	35.2	26.6	37.0	
# 同时实现四种创新企业	**6.4**	**4.7**	4.3	3.6	5.7	
# 既实现产品或工艺创新，也实现组织或营销创新的企业	**17.5**	**14.2**	14.5	11.2	16.0	
# 实现产品或工艺创新，未实现组织或营销创新的企业	**11.4**	**9.3**	9.0	7.1	11.1	
# 实现组织或营销创新，未实现产品或工艺创新的企业	**10.7**	**10.2**	11.8	8.3	9.9	

表 7–2　规模以上工业企业创新活动总体情况（2022 年）

项目	全国	京津冀合计	北京	天津	河北	京津冀占比 /%
企业数 / 个	**470 912**	**26 921**	3114	5780	18 027	**5.7**
开展创新活动企业数 / 个	**293 275**	**14 671**	2373	3139	9159	**5.0**
# 实现创新企业	**273 462**	**13 749**	2059	2964	8726	**5.0**
# 同时实现四种创新企业	**52 686**	**2396**	316	499	1581	**4.5**
# 既实现产品或工艺创新，也实现组织或营销创新的企业	**139 405**	**6840**	1058	1529	4253	**4.9**
# 实现产品或工艺创新，未实现组织或营销创新的企业	**101 500**	**4912**	781	1049	3082	**4.8**
# 实现组织或营销创新，未实现产品或工艺创新的企业	**32 557**	**1997**	220	386	1391	**6.1**

续表

项目	全国	京津冀合计	北京	天津	河北	京津冀占比 /%
在全部企业中占比 /%						
开展创新活动企业	**62.3**	**54.5**	76.2	54.3	50.8	
# 实现创新企业	**58.1**	**51.1**	66.1	51.3	48.4	
# 同时实现四种创新企业	**11.2**	**8.9**	10.1	8.6	8.8	
# 既实现产品或工艺创新，也实现组织或营销创新的企业	**29.6**	**25.4**	34.0	26.5	23.6	
# 实现产品或工艺创新，未实现组织或营销创新的企业	**21.6**	**18.2**	25.1	18.1	17.1	
# 实现组织或营销创新，未实现产品或工艺创新的企业	**6.9**	**7.4**	7.1	6.7	7.7	

表 7–3　资质等级以上建筑业企业创新活动总体情况（2022 年）

项目	全国	京津冀合计	北京	天津	河北	京津冀占比 /%
企业数 / 个	**68 457**	**5194**	2027	1517	1650	**7.6**
开展创新活动企业数 / 个	**20 169**	**1467**	652	392	423	**7.3**
# 实现创新企业	**19 278**	**1350**	580	368	402	**7.0**
# 同时实现四种创新企业	**1822**	**111**	54	27	30	**6.1**
# 既实现产品或工艺创新，也实现组织或营销创新的企业	**6391**	**473**	225	133	115	**7.4**
# 实现产品或工艺创新，未实现组织或营销创新的企业	**3391**	**325**	167	93	65	**9.6**
# 实现组织或营销创新，未实现产品或工艺创新的企业	**9496**	**552**	188	142	222	**5.8**
在全部企业中占比 /%						
开展创新活动企业	**29.5**	**28.2**	32.2	25.8	25.6	
# 实现创新企业	**28.2**	**25.5**	28.6	24.3	24.4	
# 同时实现四种创新企业	**2.7**	**2.1**	2.7	1.8	1.8	
# 既实现产品或工艺创新，也实现组织或营销创新的企业	**9.3**	**9.1**	11.1	8.8	7.0	
# 实现产品或工艺创新，未实现组织或营销创新的企业	**5.0**	**6.3**	8.2	6.1	3.9	
# 实现组织或营销创新，未实现产品或工艺创新的企业	**13.9**	**10.6**	9.3	9.4	13.5	

表 7-4　规模（限额）以上服务业企业创新活动总体情况（2022 年）

项目	全国	京津冀合计	北京	天津	河北	京津冀占比 /%
企业数 / 个	**527 511**	**50 479**	24 637	14 004	11 838	**9.6**
开展创新活动企业数 / 个	**136 598**	**15 009**	9908	2498	2603	**11.0**
# 实现创新企业	**129 387**	**12 710**	7841	2330	2539	**9.8**
# 同时实现四种创新企业	**14 144**	**1347**	917	244	186	**9.5**
# 既实现产品或工艺创新，也实现组织或营销创新的企业	**40 555**	**4419**	3024	729	666	**10.9**
# 实现产品或工艺创新，未实现组织或营销创新的企业	**16 859**	**2442**	1717	371	354	**14.5**
# 实现组织或营销创新，未实现产品或工艺创新的企业	**71 973**	**5849**	3100	1230	1519	**8.1**
在全部企业中占比 /%						
开展创新活动企业	**25.9**	**29.7**	40.2	17.8	22.0	
# 实现创新企业	**24.5**	**25.2**	31.8	16.6	21.4	
# 同时实现四种创新企业	**2.7**	**2.7**	3.7	1.7	1.6	
# 既实现产品或工艺创新，也实现组织或营销创新的企业	**7.7**	**8.8**	12.3	5.2	5.6	
# 实现产品或工艺创新，未实现组织或营销创新的企业	**3.2**	**4.8**	7.0	2.6	3.0	
# 实现组织或营销创新，未实现产品或工艺创新的企业	**13.6**	**11.6**	12.6	8.8	12.8	

表 7-5　规模以上高技术产业（制造业）创新活动总体情况（2022 年）

项目	全国	京津冀合计	北京	天津	河北	京津冀占比 /%
企业数 / 个	**49 674**	**2505**	993	584	928	**5.0**
开展创新活动企业数 / 个	**41 110**	**2115**	922	464	729	**5.1**
# 实现创新企业	**38 763**	**1920**	788	432	700	**5.0**
# 同时实现四种创新企业	**9684**	**366**	123	94	149	**3.8**
# 既实现产品或工艺创新，也实现组织或营销创新的企业	**23 801**	**1110**	441	270	399	**4.7**
# 实现产品或工艺创新，未实现组织或营销创新的企业	**12 192**	**661**	280	126	255	**5.4**
# 实现组织或营销创新，未实现产品或工艺创新的企业	**2770**	**149**	67	36	46	**5.4**

续表

项目	全国	京津冀合计				京津冀占比 /%
			北京	天津	河北	
在全部企业中占比 /%						
开展创新活动企业	**82.8**	**84.4**	92.9	79.5	78.6	
# 实现创新企业	**78.0**	**76.6**	79.4	74.0	75.4	
# 同时实现四种创新企业	**19.5**	**14.6**	12.4	16.1	16.1	
# 既实现产品或工艺创新，也实现组织或营销创新的企业	**47.9**	**44.3**	44.4	46.2	43.0	
# 实现产品或工艺创新，未实现组织或营销创新的企业	**24.5**	**26.4**	28.2	21.6	27.5	
# 实现组织或营销创新，未实现产品或工艺创新的企业	**5.6**	**5.9**	6.7	6.2	5.0	

表 7-6　规模（限额）以上企业产品和工艺创新分布情况（2022 年）

项目	全国	京津冀合计				京津冀占比 /%
			北京	天津	河北	
开展产品或工艺创新活动企业数 / 个	**351 248**	**24 356**	10 524	4502	9330	**6.9**
# 实现产品或工艺创新企业	**308 101**	**19 411**	6972	3904	8535	**6.3**
# 实现产品创新企业	**207 310**	**12 666**	4739	2382	5545	**6.1**
# 实现工艺创新企业	**249 638**	**15 409**	5177	3214	7018	**6.2**
未开展产品或工艺创新活动企业数 / 个	**715 632**	**58 238**	19 254	16 799	22 185	**8.1**
在全部企业中占比 /%						
开展产品或工艺创新活动企业	**32.9**	**29.5**	35.3	21.1	29.6	
# 实现产品或工艺创新企业	**28.9**	**23.5**	23.4	18.3	27.1	
# 实现产品创新企业	**19.4**	**15.3**	15.9	11.2	17.6	
# 实现工艺创新企业	**23.4**	**18.7**	17.4	15.1	22.3	

表 7-7　规模以上工业企业产品和工艺创新分布情况（2022 年）

项目	全国	京津冀合计				京津冀占比 /%
			北京	天津	河北	
开展产品或工艺创新活动企业数 / 个	**269 001**	**13 115**	2294	2846	7975	**4.9**
# 实现产品或工艺创新企业	**240 905**	**11 752**	1839	2578	7335	**4.9**
# 实现产品创新企业	**167 355**	**7929**	1410	1625	4894	**4.7**
# 实现工艺创新企业	**195 001**	**9420**	1258	2135	6027	**4.8**
未开展产品或工艺创新活动企业数 / 个	**201 911**	**13 806**	820	2934	10 052	**6.8**
在全部企业中占比 /%						
开展产品或工艺创新活动企业	**57.1**	**48.7**	73.7	49.2	44.2	
# 实现产品或工艺创新企业	**51.2**	**43.7**	59.1	44.6	40.7	
# 实现产品创新企业	**35.5**	**29.5**	45.3	28.1	27.1	
# 实现工艺创新企业	**41.4**	**35.0**	40.4	36.9	33.4	

表 7-8　资质等级以上建筑业企业产品和工艺创新分布情况（2022 年）

项目	全国	京津冀合计				京津冀占比 /%
			北京	天津	河北	
开展产品或工艺创新活动企业数 / 个	**11 480**	**977**	496	267	214	**8.5**
# 实现产品或工艺创新企业	**9782**	**798**	392	226	180	**8.2**
# 实现产品创新企业	**4557**	**366**	176	103	87	**8.0**
# 实现工艺创新企业	**9040**	**745**	365	207	173	**8.2**
未开展产品或工艺创新活动企业数 / 个	**56 977**	**4217**	1531	1250	1436	**7.4**
在全部企业中占比 /%						
开展产品或工艺创新活动企业	**16.8**	**18.8**	24.5	17.6	13.0	
# 实现产品或工艺创新企业	**14.3**	**15.4**	19.3	14.9	10.9	
# 实现产品创新企业	**6.7**	**7.0**	8.7	6.8	5.3	
# 实现工艺创新企业	**13.2**	**14.3**	18.0	13.6	10.5	

表 7-9 规模（限额）以上服务业企业产品和工艺创新分布情况（2022 年）

项目	全国	京津冀合计				京津冀占比 /%
			北京	天津	河北	
开展产品或工艺创新活动企业数 / 个	**70 767**	**10 264**	7734	1389	1141	**14.5**
# 实现产品或工艺创新企业	**57 414**	**6861**	4741	1100	1020	**12.0**
# 实现产品创新企业	**35 398**	**4371**	3153	654	564	**12.3**
# 实现工艺创新企业	**45 597**	**5244**	3554	872	818	**11.5**
未开展产品或工艺创新活动企业数 / 个	**456 744**	**40 215**	16 903	12 615	10 697	**8.8**
在全部企业中占比 /%						
开展产品或工艺创新活动企业	**13.4**	**20.3**	31.4	9.9	9.6	
# 实现产品或工艺创新企业	**10.9**	**13.6**	19.2	7.9	8.6	
# 实现产品创新企业	**6.7**	**8.7**	12.8	4.7	4.8	
# 实现工艺创新企业	**8.6**	**10.4**	14.4	6.2	6.9	

表 7-10 规模以上高技术产业（制造业）产品和工艺创新分布情况（2022 年）

项目	全国	京津冀合计				京津冀占比 /%
			北京	天津	河北	
开展产品或工艺创新活动企业数 / 个	**39 730**	**2065**	915	443	707	**5.2**
# 实现产品或工艺创新企业	**35 993**	**1771**	721	396	654	**4.9**
# 实现产品创新企业	**27 165**	**1352**	577	295	480	**5.0**
# 实现工艺创新企业	**28 787**	**1317**	470	319	528	**4.6**
未开展产品或工艺创新活动企业数 / 个	**9944**	**440**	78	141	221	**4.4**
在全部企业中占比 /%						
开展产品或工艺创新活动企业	**80.0**	**82.4**	92.1	75.9	76.2	
# 实现产品或工艺创新企业	**72.5**	**70.7**	72.6	67.8	70.5	
# 实现产品创新企业	**54.7**	**54.0**	58.1	50.5	51.7	
# 实现工艺创新企业	**58.0**	**52.6**	47.3	54.6	56.9	

表 7-11　规模（限额）以上企业产品创新开发情况（2022 年）

项目	全国	京津冀合计	北京	天津	河北
实现产品创新企业数 / 个	**207 310**	**12 666**	4739	2382	5545
在实现产品创新企业中占比 /%					
本企业独立开发或与集团内企业合作开发	**84.5**	**87.3**	87.0	84.9	88.5
本企业与境内其他企业合作开发	**9.2**	**11.1**	17.3	13.1	5.0
本企业与境内研究机构或高等学校合作开发	**7.6**	**7.2**	9.2	7.2	5.4
本企业与境外企业或机构合作开发	**1.4**	**1.3**	1.9	1.9	0.6
在其他单位开发的基础上调整或改进，或委托其他企业或机构代开发	**7.2**	**6.8**	8.8	7.1	4.9
其他	**6.8**	**5.1**	3.5	6.0	5.7

表 7-12　规模以上工业企业产品创新开发情况（2022 年）

项目	全国	京津冀合计	北京	天津	河北
实现产品创新企业数 / 个	**167 355**	**7929**	1410	1625	4894
在实现产品创新企业中占比 /%					
本企业独立开发或与集团内企业合作开发	**87.7**	**91.0**	92.2	90.3	90.9
本企业与境内其他企业合作开发	**7.1**	**6.5**	11.3	10.3	3.9
本企业与境内研究机构或高等学校合作开发	**7.2**	**5.5**	7.7	5.9	4.8
本企业与境外企业或机构合作开发	**1.2**	**1.1**	2.0	2.1	0.5
在其他单位开发的基础上调整或改进，或委托其他企业或机构代开发	**5.3**	**4.2**	5.2	4.5	3.8
其他	**5.4**	**3.8**	1.4	3.3	4.6

表 7-13　资质等级以上建筑业企业产品创新开发情况（2022 年）

项目	全国	京津冀合计	北京	天津	河北
实现产品创新企业数 / 个	**4557**	**366**	176	103	87
在实现产品创新企业中占比 /%					
本企业独立开发或与集团内企业合作开发	**67.5**	**74.8**	79.5	70.9	70.1
本企业与境内其他企业合作开发	**18.9**	**22.4**	27.3	19.4	16.1
本企业与境内研究机构或高等学校合作开发	**14.4**	**18.6**	19.9	13.6	21.8
本企业与境外企业或机构合作开发	**1.7**	**2.4**	2.8	1.0	3.4
在其他单位开发的基础上调整或改进，或委托其他企业或机构代开发	**21.8**	**20.0**	22.2	15.5	20.7
其他	**14.2**	**11.2**	8.0	14.6	13.8

表 7-14　规模（限额）以上服务业企业产品创新开发情况（2022 年）

项目	全国	京津冀合计	北京	天津	河北
实现产品创新企业数 / 个	**35 398**	**4371**	3153	654	564
在实现产品创新企业中占比 /%					
本企业独立开发或与集团内企业合作开发	**72.0**	**81.6**	85.1	73.9	70.6
本企业与境内其他企业合作开发	**17.8**	**18.6**	19.4	19.1	13.3
本企业与境内研究机构或高等学校合作开发	**9.0**	**9.1**	9.3	9.3	7.8
本企业与境外企业或机构合作开发	**2.2**	**1.6**	1.7	1.5	1.2
在其他单位开发的基础上调整或改进，或委托其他企业或机构代开发	**14.4**	**10.4**	9.6	12.4	12.4
其他	**12.2**	**6.5**	4.1	11.5	14.4

表 7-15　规模以上高技术产业（制造业）产品创新开发情况（2022 年）

项目	全国	京津冀合计	北京	天津	河北
实现产品创新企业数 / 个	**27 165**	**1352**	577	295	480
在实现产品创新企业中占比 /%					
本企业独立开发或与集团内企业合作开发	**88.8**	**91.6**	92.5	91.5	90.6
本企业与境内其他企业合作开发	**10.0**	**10.2**	12.1	11.9	6.9
本企业与境内研究机构或高等学校合作开发	**8.7**	**7.6**	7.1	10.2	6.7
本企业与境外企业或机构合作开发	**1.6**	**1.8**	2.1	3.4	0.4
在其他单位开发的基础上调整或改进，或委托其他企业或机构代开发	**5.4**	**4.7**	4.9	5.1	4.2
其他	**4.3**	**2.4**	1.6	2.4	3.3

表 7-16　规模（限额）以上企业工艺创新开发情况（2022 年）

项目	全国	京津冀合计	北京	天津	河北
实现工艺创新企业数 / 个	**249 638**	**15 409**	5177	3214	7018
在实现工艺创新企业中占比 /%					
本企业独立开发或与集团内企业合作开发	**74.2**	**74.8**	71.9	72.1	78.1
本企业与境内其他企业合作开发	**11.8**	**13.6**	20.6	15.0	7.8
本企业与境内研究机构或高等学校合作开发	**7.1**	**6.4**	7.9	6.6	5.3
本企业与境外企业或机构合作开发	**1.2**	**1.0**	1.3	1.5	0.6
在其他单位开发的基础上调整或改进，或委托其他企业或机构代开发	**13.6**	**14.8**	20.5	15.8	10.1
其他	**10.5**	**8.7**	6.5	9.3	10.0

表 7-17　规模以上工业企业工艺创新开发情况（2022 年）

项目	全国	京津冀合计	北京	天津	河北
实现工艺创新企业数 / 个	**195 001**	**9420**	1258	2135	6027
在实现工艺创新企业中占比 /%					
本企业独立开发或与集团内企业合作开发	**78.8**	**80.5**	80.1	77.8	81.6
本企业与境内其他企业合作开发	**10.3**	**10.0**	19.2	13.6	6.8
本企业与境内研究机构或高等学校合作开发	**6.9**	**5.4**	7.1	5.7	4.9
本企业与境外企业或机构合作开发	**1.1**	**1.0**	1.7	1.8	0.6
在其他单位开发的基础上调整或改进，或委托其他企业或机构代开发	**10.5**	**9.8**	13.1	12.2	8.2
其他	**8.7**	**7.4**	3.5	7.3	8.3

表 7-18　资质等级以上建筑业企业工艺创新开发情况（2022 年）

项目	全国	京津冀合计	北京	天津	河北
实现工艺创新企业数 / 个	**9040**	**745**	365	207	173
在实现工艺创新企业中占比 /%					
本企业独立开发或与集团内企业合作开发	**59.1**	**69.3**	72.6	69.6	61.9
本企业与境内其他企业合作开发	**14.9**	**17.7**	21.9	15.9	11.0
本企业与境内研究机构或高等学校合作开发	**12.0**	**15.2**	16.4	12.6	15.6
本企业与境外企业或机构合作开发	**1.1**	**0.8**	0.5	0.5	1.7
在其他单位开发的基础上调整或改进，或委托其他企业或机构代开发	**24.8**	**22.6**	25.8	18.8	20.2
其他	**18.7**	**13.3**	10.1	14.0	19.1

表 7-19　规模（限额）以上服务业企业工艺创新开发情况（2022 年）

项目	全国	京津冀合计	北京	天津	河北
实现工艺创新企业数 / 个	**45 597**	**5244**	3554	872	818
在实现工艺创新企业中占比 /%					
本企业独立开发或与集团内企业合作开发	**57.8**	**65.2**	69.0	58.7	55.4
本企业与境内其他企业合作开发	**17.5**	**19.5**	21.0	18.0	14.3
本企业与境内研究机构或高等学校合作开发	**6.7**	**7.1**	7.3	7.5	6.0
本企业与境外企业或机构合作开发	**1.7**	**1.1**	1.2	1.1	0.7
在其他单位开发的基础上调整或改进，或委托其他企业或机构代开发	**24.2**	**22.7**	22.5	23.9	22.0
其他	**16.3**	**10.2**	7.1	13.0	20.5

表 7-20　规模以上高技术产业（制造业）工艺创新开发情况（2022 年）

项目	全国	京津冀合计	北京	天津	河北
实现工艺创新企业数 / 个	**28 787**	**1317**	470	319	528
在实现工艺创新企业中占比 /%					
本企业独立开发或与集团内企业合作开发	**80.2**	**81.7**	79.4	78.4	85.8
本企业与境内其他企业合作开发	**13.9**	**14.1**	19.4	16.9	7.8
本企业与境内研究机构或高等学校合作开发	**8.5**	**6.8**	6.4	8.2	6.3
本企业与境外企业或机构合作开发	**1.6**	**1.9**	2.3	2.8	0.9
在其他单位开发的基础上调整或改进，或委托其他企业或机构代开发	**11.4**	**11.9**	13.2	15.7	8.5
其他	**7.3**	**4.6**	3.4	5.0	5.5

表 7-21 规模（限额）以上企业新产品情况（2022 年）

项目	全国	京津冀合计	北京	天津	河北
实现产品创新企业数 / 个	**207 310**	**12 666**	4739	2382	5545
在实现产品创新企业中占比 /%					
有市场新产品的企业	**56.3**	**51.7**	53.0	56.2	48.7
有本企业新产品的企业	**100.0**	**100.0**	100.0	100.0	100.0
新产品销售收入 / 亿元	**494 155.4**	**48 225.5**	26 560.7	9519.6	12 145.2
新产品销售收入占营业收入的比重 /%	**16.3**	**14.2**	15.2	12.2	13.9
仅市场新的产品	**6.0**	**4.2**	5.0	2.8	3.8
仅本企业新的产品	**10.3**	**10.0**	10.2	9.3	10.1

表 7-22 规模以上工业企业新产品情况（2022 年）

项目	全国	京津冀合计	北京	天津	河北
实现产品创新企业数 / 个	**167 355**	**7929**	1410	1625	4894
在实现产品创新企业中占比 /%					
有国际市场新产品的企业	**17.2**	**13.6**	15.6	17.7	11.6
有国内市场新产品的企业	**56.7**	**53.2**	62.0	59.0	48.7
有本企业新产品的企业	**100.0**	**100.0**	100.0	100.0	100.0
新产品销售收入 / 亿元	**327 983.0**	**19 946.7**	5603.7	4868.4	9474.6
新产品销售收入占营业收入的比重 /%	**23.6**	**19.0**	20.8	20.2	17.6
仅国际市场新的产品	**2.5**	**1.7**	3.8	1.3	0.9
仅国内市场新的产品	**7.1**	**4.7**	6.8	4.3	3.9
仅本企业新的产品	**14.0**	**12.5**	10.1	14.6	12.8

表 7-23　资质等级以上建筑业企业新产品情况（2022 年）

项目	全国	京津冀合计	北京	天津	河北
实现产品创新企业数 / 个	**4557**	**366**	176	103	87
在实现产品创新企业中占比 /%					
有市场新产品的企业	**62.0**	**62.9**	61.4	60.2	69.0
有本企业新产品的企业	**100.0**	**100.0**	100.0	100.0	100.0
新产品销售收入 / 亿元	**68 874.5**	**9201.6**	6343.2	1522.6	1335.8
新产品销售收入占营业收入的比重 /%	**28.1**	**33.4**	36.0	33.1	25.2
仅市场新的产品	**9.0**	**32.1**	11.7	9.9	8.3
仅本企业新的产品	**19.2**	**67.9**	24.3	23.3	16.9

表 7-24　规模（限额）以上服务业企业新产品情况（2022 年）

项目	全国	京津冀合计	北京	天津	河北
实现产品创新企业数 / 个	**35 398**	**4371**	3153	654	564
在实现产品创新企业中占比 /%					
有市场新产品的企业	**53.6**	**48.2**	48.6	48.6	45.6
有本企业新产品的企业	**100.0**	**100.0**	100.0	100.0	100.0
新产品销售收入 / 亿元	**97 297.9**	**19 077.1**	14 613.8	3128.6	1334.7
新产品销售收入占营业收入的比重 /%	**7.0**	**9.2**	11.3	6.3	4.7
仅市场新的产品	**2.0**	**24.1**	3.0	0.8	1.1
仅本企业新的产品	**5.0**	**76.1**	8.3	5.5	3.7

表 7-25　规模以上高技术产业（制造业）新产品情况（2022 年）

项目	全国	京津冀合计	北京	天津	河北
实现产品创新企业数 / 个	**27 165**	**1352**	577	295	480
在实现产品创新企业中占比 /%					
有国际市场新产品的企业	**22.1**	**17.0**	18.4	21.4	12.7
有国内市场新产品的企业	**63.1**	**60.7**	63.4	63.7	55.6
有本企业新产品的企业	**100.0**	**100.0**	100.0	100.0	100.0
新产品销售收入 / 亿元	**87 548**	**5001**	2926	1289	786
新产品销售收入占营业收入的比重 /%	**39.1**	**37.0**	37.5	38.2	33.6
仅国际市场新的产品	**8.4**	**22.6**	10.9	4.9	4.9
仅国内市场新的产品	**11.7**	**33.0**	14.6	9.3	8.4
仅本企业新的产品	**19.0**	**44.4**	12.0	24.0	20.3

表 7-26　资质等级以上建筑业企业工艺创新新颖度类别情况（2022 年）

项目	全国	京津冀合计	北京	天津	河北
实现工艺创新企业数 / 个	**9040**	**745**	365	207	173
在实现工艺创新企业中占比 /%					
有市场新工艺的企业	**54.4**	**52.1**	50.7	47.8	60.1
有本企业新工艺的企业	**100.0**	**100.0**	100.0	100.0	100.0
工艺创新贡献的营业收入 / 亿元	**105 105**	**13 079**	8309	2570	2200
工艺创新贡献的营业收入占营业收入的比重 /%	**43.0**	**47.6**	47.2	56.0	41.5
仅市场新的工艺	**12.3**	**26.1**	13.0	12.8	10.2
仅本企业新的工艺	**30.7**	**73.8**	34.2	43.1	31.3

表 7-27　规模（限额）以上企业产品或工艺创新活动类型情况（2022 年）

项目	全国	京津冀合计	北京	天津	河北
开展产品或工艺创新活动企业数 / 个	**351 248**	**24 356**	10 524	4502	9330
在开展产品或工艺创新活动企业中占比 /%					
内部研发	**59.3**	**48.7**	39.5	52.4	57.2
外部研发	**8.2**	**9.9**	13.5	9.3	6.2
获得机器设备和软件	**60.5**	**49.0**	36.1	40.3	67.8
从外部获得相关技术	**3.2**	**4.2**	6.8	3.8	1.5
相关培训	**34.6**	**35.1**	34.6	40.3	33.2
市场推介	**15.3**	**15.3**	17.1	17.4	12.3
相关设计	**16.5**	**13.0**	12.4	16.2	12.2
其他创新活动	**22.1**	**23.0**	25.0	27.7	18.5

表 7-28　规模以上工业企业产品或工艺创新活动类型情况（2022 年）

项目	全国	京津冀合计	北京	天津	河北
开展产品或工艺创新活动企业数 / 个	**269 001**	**13 115**	2294	2846	7975
在开展产品或工艺创新活动企业中占比 /%					
内部研发	**65.3**	**58.7**	57.8	57.3	59.5
外部研发	**7.0**	**7.7**	16.0	8.0	5.2
获得机器设备和软件	**71.7**	**72.2**	89.1	50.9	74.9
从外部获得相关技术	**1.1**	**4.1**	1.5	0.8	0.6
相关培训	**33.6**	**36.0**	42.8	42.0	31.9
市场推介	**14.5**	**15.5**	24.9	18.4	11.8
相关设计	**18.3**	**16.8**	23.8	21.5	13.1
其他创新活动	**21.8**	**23.6**	35.3	29.9	18.0

表 7-29　资质等级以上建筑业企业产品或工艺创新活动类型情况（2022 年）

项目	全国	京津冀合计	北京	天津	河北
开展产品或工艺创新活动企业数 / 个	**11 480**	**977**	496	267	214
在开展产品或工艺创新活动企业中占比 /%					
内部研发	**46.5**	**50.8**	46.0	56.9	54.2
外部研发	**11.6**	**13.8**	14.1	11.6	15.9
获得机器设备和软件	**30.2**	**31.9**	32.7	30.3	32.2
从外部获得相关技术	**11.7**	**10.4**	11.5	13.1	4.7
相关培训	**43.2**	**47.2**	50.0	45.3	43.0
市场推介	**19.1**	**19.9**	19.0	22.1	19.2
相关设计	**5.6**	**5.2**	5.0	5.6	5.1
其他创新活动	**27.2**	**30.3**	32.3	29.2	27.1

表 7-30　规模（限额）以上服务业企业产品或工艺创新活动类型情况（2022 年）

项目	全国	京津冀合计	北京	天津	河北
开展产品或工艺创新活动企业数 / 个	**70 767**	**10 264**	7734	1389	1141
在开展产品或工艺创新活动企业中占比 /%					
内部研发	**38.8**	**35.7**	33.7	41.5	41.8
外部研发	**12.2**	**12.5**	12.8	11.6	11.6
获得机器设备和软件	**23.0**	**21.2**	20.7	20.6	25.3
从外部获得相关技术	**9.6**	**8.0**	8.1	8.1	7.1
相关培训	**37.0**	**32.8**	31.1	35.9	40.6
市场推介	**17.7**	**14.6**	14.6	14.4	14.4
相关设计	**11.7**	**8.9**	9.4	7.4	7.0
其他创新活动	**22.4**	**21.5**	21.5	22.9	20.3

表 7-31　规模以上高技术产业（制造业）产品或工艺创新活动类型情况（2022 年）

项目	全国	京津冀合计			
			北京	天津	河北
开展产品或工艺创新活动企业数 / 个	**39 730**	**2065**	915	443	707
在开展产品或工艺创新活动企业中占比 /%					
内部研发	**71.7**	**67.1**	65.7	69.5	67.5
外部研发	**14.4**	**19.0**	22.7	17.6	15.1
获得机器设备和软件	**75.4**	**79.8**	90.3	56.7	80.8
从外部获得相关技术	**1.9**	**1.4**	1.2	1.4	1.8
相关培训	**43.6**	**44.9**	45.2	52.4	39.9
市场推介	**21.3**	**25.3**	29.6	26.2	19.1
相关设计	**25.8**	**25.6**	26.9	31.4	20.2
其他创新活动	**30.6**	**33.2**	36.6	38.4	25.6

表 7-32　规模以上工业企业创新费用支出情况（2022 年）

项目	全国	京津冀合计				京津冀占比 /%
			北京	天津	河北	
创新费用支出合计 / 亿元	**31 543.7**	**2032.6**	621.0	400.2	1011.4	**6.4**
内部研发经费支出	**19 361.8**	**1269.5**	349.0	284.6	635.9	**6.6**
所占比重 /%	**61.4**	**62.5**	56.2	71.1	62.9	
外部研发经费支出	**1393.9**	**84.5**	40.2	21.7	22.6	**6.1**
所占比重 /%	**4.4**	**4.2**	6.5	5.4	2.2	
获得机器设备和软件经费支出	**9831.7**	**642.3**	213.0	88.8	340.5	**6.5**
所占比重 /%	**31.2**	**31.6**	34.3	22.2	33.7	
从外部获取相关技术经费支出	**956.3**	**36.3**	18.8	5.1	12.4	**3.8**
所占比重 /%	**3.0**	**1.8**	3.0	1.3	1.2	

表 7–33　规模以上高技术产业（制造业）创新费用支出情况（2022 年）

项目	全国	京津冀合计	北京	天津	河北	京津冀占比 /%
创新费用支出合计 / 亿元	**9938.7**	**624.5**	386.8	120.3	117.4	**6.3**
内部研发经费支出	**6507.7**	**385.1**	221.0	92.0	72.1	**5.9**
所占比重 /%	**65.5**	**61.7**	57.1	76.5	61.4	
外部研发经费支出	**764.1**	**57.8**	27.8	14.1	15.9	**7.6**
所占比重 /%	**7.7**	**9.3**	7.2	11.7	13.5	
获得机器设备和软件经费支出	**2373.9**	**158.0**	125.1	13.6	19.3	**6.7**
所占比重 /%	**23.9**	**25.3**	32.3	11.3	16.4	
从外部获取相关技术经费支出	**293.0**	**23.6**	12.9	0.6	10.1	**8.1**
所占比重 /%	**2.9**	**3.8**	3.3	0.5	8.6	

表 7–34　规模（限额）以上企业创新信息来源情况（2022 年）

项目	全国	京津冀合计	北京	天津	河北
开展产品或工艺创新活动企业数 / 个	**450 042**	**31 147**	12 933	6029	12 185
在开展产品或工艺创新活动企业中占比 /%					
企业内部信息或企业集团内部消息	**37.3**	**38.2**	38.6	41.1	36.4
来自高等学校或研究机构的信息	**9.9**	**10.4**	10.9	10.1	10.1
来自政府部门或行业协会的信息	**26.5**	**28.3**	30.6	27.6	26.2
来自设备、原材料、组件或软件供应商的信息	**23.1**	**19.1**	15.1	22.5	21.6
来自客户或消费者的信息	**44.4**	**40.8**	44.0	46.4	41.4
来自竞争对手、同行业其他企业的信息	**28.7**	**28.3**	30.9	28.8	25.3
来自咨询机构、市场分析及中介机构的信息	**10.5**	**10.7**	11.8	12.0	9.0
来自商品交易展会、展览会的信息，文献期刊、出版物的信息或互联网媒体的信息	**18.3**	**18.2**	17.0	19.4	18.8
其他	**5.2**	**4.3**	2.8	4.1	5.9

表 7-35　规模以上工业企业创新信息来源情况（2022 年）

项目	全国	京津冀合计	北京	天津	河北
开展产品或工艺创新活动企业数 / 个	**293 275**	**14 671**	2373	3139	9159
在开展产品或工艺创新活动企业中占比 /%					
企业内部信息或企业集团内部消息	**38.0**	**39.1**	42.1	42.8	37.1
来自高等学校或研究机构的信息	**11.0**	**11.6**	14.2	10.9	11.2
来自政府部门或行业协会的信息	**23.4**	**25.2**	29.7	24.4	24.3
来自设备、原材料、组件或软件供应商的信息	**25.4**	**23.6**	19.6	27.5	23.3
来自客户或消费者的信息	**45.6**	**44.8**	50.6	51.0	41.2
来自竞争对手、同行业其他企业的信息	**27.7**	**27.6**	36.3	29.7	24.6
来自咨询机构、市场分析及中介机构的信息	**8.9**	**8.6**	9.0	10.2	7.9
来自商品交易展会、展览会的信息，文献期刊、出版物的信息或互联网媒体的信息	**19.8**	**21.4**	24.7	22.5	20.2
其他	**4.3**	**4.3**	2.1	3.4	5.1

表 7-36　规模（限额）以上企业创新合作开展情况（2022 年）

项目	全国	京津冀合计	北京	天津	河北
开展创新合作的企业数 / 个	**279 154**	**17 448**	7360	3566	6522
创新合作企业占全部企业的比重 /%	**26.2**	**21.1**	24.7	16.7	20.7
在创新合作企业中，与下列伙伴开展合作的企业占比 /%					
集团内其他企业	**32.7**	**38.1**	45.1	40.0	29.1
高等学校	**26.0**	**27.5**	29.6	25.7	26.0
研究机构	**14.4**	**16.2**	19.0	14.0	14.3
政府部门或行业协会	**20.9**	**21.5**	24.7	18.5	19.4
供应商	**38.6**	**34.0**	31.3	38.3	34.6
客户或消费者	**47.2**	**42.9**	41.9	45.4	42.6
竞争对手或同行业企业	**19.8**	**17.4**	17.6	16.8	17.5
咨询顾问、市场分析及中介机构	**17.4**	**16.0**	17.3	17.0	14.0
其他合作对象	**16.1**	**15.1**	14.4	14.9	16.1

表 7-37　规模以上工业企业创新合作开展情况（2022 年）

项目	全国	京津冀合计	北京	天津	河北
开展创新合作的企业数 / 个	**184 511**	**8301**	1557	1943	4801
创新合作企业占全部企业的比重 /%	**39.2**	**30.8**	50.0	33.6	26.6
在创新合作企业中，与下列伙伴开展合作的企业占比 /%					
集团内其他企业	**31.3**	**28.5**	46.8	39.3	28.0
高等学校	**29.1**	**30.7**	38.5	29.1	28.8
研究机构	**16.4**	**18.2**	27.4	15.1	16.4
政府部门或行业协会	**17.5**	**17.2**	20.7	15.1	17.0
供应商	**42.1**	**38.7**	35.1	45.1	37.2
客户或消费者	**47.4**	**42.6**	41.4	46.3	41.5
竞争对手或同行业企业	**17.5**	**15.1**	14.0	14.6	15.7
咨询顾问、市场分析及中介机构	**16.2**	**13.9**	14.7	14.7	13.3
其他合作对象	**13.6**	**11.6**	9.9	11.3	14.6

表 7-38　规模（限额）以上企业创新合作伙伴情况（2022 年）

项目	全国	京津冀合计	北京	天津	河北
开展创新合作的企业数 / 个	**279 154**	**17 448**	7360	3566	6522
在创新合作企业中，下列合作伙伴对企业创新有较大价值的企业占比 /%					
集团内其他企业	**28.5**	**43.1**	39.5	35.6	25.6
高等学校	**22.0**	**23.3**	24.7	22.1	22.5
研究机构	**11.6**	**12.9**	14.9	11.1	11.7
政府部门或行业协会	**17.8**	**18.1**	20.9	14.7	16.9
供应商	**32.9**	**28.5**	25.9	32.4	29.3
客户或消费者	**43.4**	**39.6**	38.7	42.3	39.1
竞争对手或同行业企业	**16.5**	**14.4**	14.6	13.8	14.5
咨询顾问、市场分析及中介机构	**13.8**	**12.4**	13.2	12.9	11.1
其他合作对象	**11.9**	**11.5**	10.7	11.2	12.5

表 7-39　规模以上工业企业创新合作伙伴情况（2022 年）

项目	全国	京津冀合计			
			北京	天津	河北
开展创新合作的企业数 / 个	**184 511**	**8301**	1557	1943	4801
在创新合作企业中，下列合作伙伴对企业创新有较大价值的企业占比 /%					
集团内其他企业	**27.3**	**30.2**	40.8	35.5	24.7
高等学校	**24.7**	**26.4**	32.2	25.1	25.1
研究机构	**13.4**	**14.8**	22.0	12.1	13.6
政府部门或行业协会	**14.5**	**14.3**	16.8	11.1	14.8
供应商	**36.2**	**32.5**	28.6	38.3	31.5
客户或消费者	**43.8**	**39.5**	38.9	43.3	38.1
竞争对手或同行业企业	**14.7**	**12.4**	11.1	11.9	13.1
咨询顾问、市场分析及中介机构	**12.8**	**10.7**	11.3	10.4	10.6
其他合作对象	**10.0**	**10.1**	7.4	8.7	11.5

表 7-40　规模（限额）以上企业产学研合作形式情况（2022 年）

项目	全国	京津冀合计			
			北京	天津	河北
开展产学研合作的企业数 / 个	**87 646**	**5777**	2634	1082	2061
在创新合作企业中产学研合作企业占比 /%	**31.4**	**33.1**	35.8	30.3	31.6
在产学研合作企业中，以下列为主要合作形式的企业占比 /%					
建立或参与创新联合体	**22.3**	**19.4**	20.8	19.4	17.5
合作共同完成科研项目	**65.4**	**54.8**	77.0	71.6	63.3
合作建立研发机构	**18.8**	**16.5**	15.4	16.5	17.8
开展联合人才培养	**33.0**	**30.4**	28.4	33.3	31.5
聘用高等学校或研究机构人员到企业兼职	**19.7**	**15.2**	14.3	17.0	15.4
转化或实施知识产权产品或其他科研成果	**16.1**	**16.6**	19.6	17.9	12.1
使用科研场所或设备	**10.3**	**12.4**	13.5	11.3	11.5
使用检验检测等科研辅助服务	**15.0**	**16.3**	16.9	17.4	14.9
其他形式	**13.4**	**11.0**	8.8	10.9	13.8

表 7-41 规模以上工业企业产学研合作形式情况（2022 年）

项目	全国	京津冀合计	北京	天津	河北
开展产学研合作的企业数 / 个	**65 407**	**3127**	749	666	1712
在创新合作企业中产学研合作企业占比 /%	**35.4**	**37.7**	48.1	34.3	35.7
在产学研合作企业中，以下列为主要合作形式的企业占比 /%					
建立或参与创新联合体	**20.5**	**16.3**	16.2	16.1	16.5
合作共同完成科研项目	**66.2**	**68.7**	78.9	70.3	63.7
合作建立研发机构	**19.1**	**17.5**	16.7	16.5	18.3
开展联合人才培养	**30.7**	**29.1**	24.8	31.7	30.0
聘用高等学校或研究机构人员到企业兼职	**19.8**	**15.0**	12.4	17.4	15.2
转化或实施知识产权产品或其他科研成果	**15.9**	**15.0**	18.0	18.2	12.4
使用科研场所或设备	**10.6**	**12.7**	15.5	12.5	11.6
使用检验检测等科研辅助服务	**16.0**	**17.7**	20.7	18.3	16.1
其他形式	**12.8**	**11.6**	7.6	11.7	13.4

表 7-42 规模（限额）以上企业创新活动阻碍因素情况（2022 年）

项目	全国	京津冀合计	北京	天津	河北
在全部企业中，下列各项是创新主要阻碍因素的企业占比 /%					
缺乏内部资金	**11.6**	**9.5**	9.1	8.6	10.4
缺乏风险投资	**7.3**	**5.9**	6.0	4.9	6.3
缺乏银行贷款	**8.9**	**7.9**	6.6	7.6	9.2
创新成本过高	**21.9**	**19.1**	22.9	15.4	18.1
缺乏人才或人才流失	**28.1**	**25.2**	26.6	19.0	28.1
缺乏技术信息	**16.6**	**14.2**	13.1	11.1	17.4
缺乏市场信息	**10.4**	**10.2**	10.0	8.8	11.1
难以找到创新合作伙伴	**6.4**	**5.6**	6.5	4.7	5.2
市场已被占领	**3.0**	**2.7**	3.3	2.4	2.4
不能确定市场需求	**12.4**	**11.3**	12.4	9.0	11.8
创新成果易被低成本模仿	**5.1**	**4.3**	5.1	3.5	4.2
没有创新的必要	**15.5**	**17.5**	18.0	16.2	17.9

表 7-43　规模以上工业企业创新活动阻碍因素情况（2022 年）

项目	全国	京津冀合计	北京	天津	河北
在全部企业中，下列各项是创新主要阻碍因素的企业占比 /%					
缺乏内部资金	**12.8**	**10.7**	10.2	9.8	11.1
缺乏风险投资	**8.3**	**7.0**	6.9	6.3	7.2
缺乏银行贷款	**10.5**	**10.3**	8.6	9.4	10.9
创新成本过高	**29.5**	**25.7**	39.9	27.1	22.8
缺乏人才或人才流失	**37.5**	**35.4**	45.9	31.2	34.9
缺乏技术信息	**22.9**	**21.4**	21.9	19.3	22.0
缺乏市场信息	**11.6**	**12.3**	13.5	11.5	12.3
难以找到创新合作伙伴	**6.8**	**5.7**	7.5	5.2	5.5
市场已被占领	**2.9**	**2.5**	4.1	2.5	2.2
不能确定市场需求	**15.2**	**14.3**	17.8	13.3	14.0
创新成果易被低成本模仿	**7.9**	**7.0**	11.2	7.8	6.0
没有创新的必要	**10.6**	**13.1**	9.0	10.2	14.8

表 7-44　规模（限额）以上企业知识产权及相关情况（2022 年）

项目	全国	京津冀合计	北京	天津	河北
采取了知识产权保护或相关措施的企业数 / 个	**501 002**	**35 607**	13 463	7425	14 719
采取了知识产权保护或相关措施的企业占全部企业的比重 /%	**47.0**	**43.1**	45.2	34.9	46.7
在全部企业中，采取下列知识产权保护或相关措施的企业占比 /%					
申请了发明专利	**8.2**	**7.8**	11.2	4.9	6.5
申请了实用新型或外观设计专利	**11.8**	**9.9**	10.9	7.9	10.2
申请了注册商标	**9.3**	**8.4**	10.2	5.0	9.1
进行了版权登记	**3.0**	**4.2**	8.4	2.3	1.5
形成了国家或行业技术标准	**4.8**	**4.5**	5.0	3.9	4.6
对技术秘密进行内部保护	**10.5**	**9.5**	11.0	7.7	9.2
应用了难以复制的复杂技术	**2.3**	**1.8**	2.2	1.3	1.7
发挥了时间上的先发优势	**16.3**	**14.1**	11.7	12.9	17.2
年末拥有有效发明专利数 / 件	**2 588 171**	**385 246**	301 964	38 870	44 412

表 7-45　规模以上工业企业知识产权及相关情况（2022 年）

项目	全国	京津冀合计	北京	天津	河北
采取了知识产权保护或相关措施的企业数 / 个	**298 305**	**16 213**	2237	3357	10 619
采取了知识产权保护或相关措施的企业占全部企业的比重 /%	**63.3**	**60.2**	71.8	58.1	58.9
在全部企业中，采取下列知识产权保护或相关措施的企业占比 /%					
申请了发明专利	**15.3**	**13.6**	35.0	13.0	10.1
申请了实用新型或外观设计专利	**23.6**	**20.5**	41.3	22.9	16.1
申请了注册商标	**13.5**	**13.4**	16.6	10.4	13.8
进行了版权登记	**3.0**	**2.7**	7.8	3.2	1.6
形成了国家或行业技术标准	**7.1**	**6.7**	9.5	7.6	6.0
对技术秘密进行内部保护	**16.7**	**15.2**	24.4	16.9	13.1
应用了难以复制的复杂技术	**3.3**	**2.7**	4.6	2.6	2.4
发挥了时间上的先发优势	**15.2**	**14.8**	10.6	11.4	16.6
年末拥有有效发明专利数 / 件	**1 981 098**	**143 887**	77 167	28 517	38 203
对主要的主营产品拥有品牌所有权的企业占全部企业的比重 /%	**32.6**	**35.3**	53.5	34.2	32.6
# 该品牌由本企业独立开发的企业占全部企业的比重	**30.0**	**32.5**	50.0	30.4	30.2

表 7-46　规模（限额）以上企业组织和营销创新情况（2022 年）

项目	全国	京津冀合计	北京	天津	河北	京津冀占比 /%
实现组织或营销创新企业数 / 个	**300 377**	**20 130**	7815	4149	8166	**6.7**
# 实现组织创新企业	**232 604**	**15 447**	5955	3281	6211	**6.6**
# 实现营销创新企业	**210 416**	**13 292**	4834	2592	5866	**6.3**
在全部企业中占比 /%						
实现组织或营销创新企业	**28.2**	**24.4**	26.2	19.5	25.9	
# 实现组织创新企业	**21.8**	**18.7**	20.0	15.4	19.7	
# 实现营销创新企业	**19.7**	**16.1**	16.2	12.2	18.6	
# 同时实现组织和营销创新企业	**13.4**	**10.4**	10.0	8.1	12.4	
# 仅实现组织创新企业	**8.4**	**8.3**	10.0	7.3	7.3	
# 仅实现营销创新企业	**6.4**	**5.7**	6.2	4.1	6.2	

表 7–47　规模以上工业企业组织和营销创新情况（2022 年）

项目	全国	京津冀合计				京津冀占比 /%
			北京	天津	河北	
实现组织或营销创新企业数 / 个	**171 962**	**8837**	1278	1915	5644	**5.1**
# 实现组织创新企业	**131 249**	**6678**	957	1501	4220	**5.1**
# 实现营销创新企业	**128 969**	**6458**	857	1294	4307	**5.0**
在全部企业中占比 /%						
实现组织或营销创新企业	**36.5**	**32.8**	41.0	33.1	31.3	
# 实现组织创新企业	**27.9**	**24.8**	30.7	26.0	23.4	
# 实现营销创新企业	**27.4**	**24.0**	27.5	22.4	23.9	
# 同时实现组织和营销创新企业	**18.7**	**16.0**	17.2	15.2	16.0	
# 仅实现组织创新企业	**9.1**	**8.8**	13.5	10.7	7.4	
# 仅实现营销创新企业	**8.6**	**8.0**	10.3	7.2	7.9	

表 7–48　资质等级以上建筑业企业组织和营销创新情况（2022 年）

项目	全国	京津冀合计				京津冀占比 /%
			北京	天津	河北	
实现组织或营销创新企业数 / 个	**15 887**	**1025**	413	275	337	**6.5**
# 实现组织创新企业	**14 995**	**949**	373	257	319	**6.3**
# 实现营销创新企业	**5831**	**348**	157	87	104	**6.0**
在全部企业中占比 /%						
实现组织或营销创新企业	**23.2**	**19.7**	20.4	18.1	20.4	
# 实现组织创新企业	**21.9**	**18.3**	18.4	16.9	19.3	
# 实现营销创新企业	**8.5**	**6.7**	7.7	5.7	6.3	
# 同时实现组织和营销创新企业	**7.2**	**5.2**	5.8	4.5	5.2	
# 仅实现组织创新企业	**14.7**	**13.0**	12.6	12.4	14.1	
# 仅实现营销创新企业	**1.3**	**1.5**	2.0	1.2	1.1	

表 7-49　规模（限额）以上服务业企业组织和营销创新情况（2022 年）

项目	全国	京津冀合计	北京	天津	河北	京津冀占比 /%
实现组织或营销创新企业数 / 个	**112 528**	**10 268**	6124	1959	2185	**9.1**
# 实现组织创新企业	**86 360**	**7820**	4625	1523	1672	**9.1**
# 实现营销创新企业	**75 616**	**6486**	3820	1211	1455	**8.6**
在全部企业中占比 /%						
实现组织或营销创新企业	**21.3**	**19.6**	24.9	14.0	18.5	
# 实现组织创新企业	**16.4**	**15.0**	18.8	10.9	14.1	
# 实现营销创新企业	**14.3**	**12.5**	15.5	8.6	12.3	
# 同时实现组织和营销创新企业	**9.4**	**7.9**	9.4	5.5	8.0	
# 仅实现组织创新企业	**7.0**	**7.1**	9.4	5.3	6.2	
# 仅实现营销创新企业	**5.0**	**4.7**	6.1	3.1	4.3	

表 7-50　规模以上高技术产业（制造业）组织和营销创新情况（2022 年）

项目	全国	京津冀合计	北京	天津	河北	京津冀占比 /%
实现组织或营销创新企业数 / 个	**26 571**	**1259**	508	306	445	**4.7**
# 实现组织创新企业	**20 978**	**925**	366	239	320	**4.4**
# 实现营销创新企业	**20 230**	**913**	352	208	353	**4.5**
在全部企业中占比 /%						
实现组织或营销创新企业	**53.5**	**50.3**	51.2	52.4	48.0	
# 实现组织创新企业	**42.2**	**36.9**	36.9	40.9	34.5	
# 实现营销创新企业	**40.7**	**36.4**	35.4	35.6	38.0	
# 同时实现组织和营销创新企业	**29.5**	**23.1**	21.1	24.1	24.6	
# 仅实现组织创新企业	**12.8**	**13.8**	15.7	16.8	9.9	
# 仅实现营销创新企业	**11.3**	**13.3**	14.3	11.5	13.5	

第八部分

创新产出

表 8-1　京津冀国内发明专利申请受理数按地区分布情况（2017—2022 年）

单位：件

项目	2017 年	2018 年	2019 年	2020 年	2021 年	2022 年
全国	**1 245 709**	**1 393 815**	**1 243 568**	**1 344 817**	**1 427 845**	**1 464 605**
京津冀合计	**138 801**	**163 279**	**175 040**	**189 223**	**212 901**	**234 846**
北京	99 167	117 664	129 930	145 035	167 608	189 198
天津	25 652	26 661	24 574	22 057	21 370	21 466
河北	13 982	18 954	20 536	22 131	23 923	24 182
京津冀占比 /%	**11.1**	**11.7**	**14.1**	**14.1**	**14.9**	**16.0**

表 8-2　京津冀国内实用新型专利申请受理数按地区分布情况（2017—2022 年）

单位：件

项目	2017 年	2018 年	2019 年	2020 年	2021 年	2022 年
全国	**1 679 807**	**2 063 860**	**2 259 765**	**2 918 874**	**2 845 318**	**2 944 139**
京津冀合计	**161 209**	**188 213**	**201 690**	**253 567**	**239 795**	**245 026**
北京	68 400	70 507	73 021	84 579	89 406	92 902
天津	56 675	66 535	64 871	83 825	63 512	58 221
河北	36 134	51 171	63 798	85 163	86 877	93 903
京津冀占比 /%	**9.6**	**9.1**	**8.9**	**8.7**	**8.4**	**8.3**

表 8-3　京津冀国内外观设计专利申请受理数按地区分布情况（2017—2022 年）

单位：件

项目	2017 年	2018 年	2019 年	2020 年	2021 年	2022 年
全国	**610 817**	**689 097**	**691 771**	**752 339**	**787 149**	**777 663**
京津冀合计	**34 202**	**42 543**	**46 702**	**48 497**	**51 614**	**49 075**
北京	18 361	23 041	23 162	24 551	26 120	25 075
天津	4669	5842	6600	5632	5589	4648
河北	11 172	13 660	16 940	18 314	19 905	19 352
京津冀占比 /%	**5.6**	**6.2**	**6.8**	**6.4**	**6.6**	**6.3**

表 8-4 京津冀国内发明专利申请授权数按地区分布情况（2017—2022 年）

单位：件

项目	2017 年	2018 年	2019 年	2020 年	2021 年	2022 年
全国	**326 970**	**345 959**	**360 919**	**440 691**	**585 910**	**695 591**
京津冀合计	**56 862**	**57 730**	**63 282**	**74 893**	**95 207**	**111 894**
北京	46 091	46 978	53 127	63 266	79 210	88 127
天津	5844	5626	5025	5262	7376	11 745
河北	4927	5126	5130	6365	8621	12 022
京津冀占比 /%	**17.4**	**16.7**	**17.5**	**17.0**	**16.2**	**16.1**

表 8-5 京津冀国内实用新型专利申请授权数按地区分布情况（2017—2022 年）

单位：件

项目	2017 年	2018 年	2019 年	2020 年	2021 年	2022 年
全国	**967 416**	**1 471 759**	**1 574 205**	**2 368 651**	**3 112 795**	**2 796 049**
京津冀合计	**100 205**	**140 112**	**147 207**	**208 023**	**273 757**	**233 039**
北京	46 011	59 219	58 393	75 336	96 078	91 947
天津	32 353	44 683	48 252	64 221	85 076	55 357
河北	21 841	36 210	40 562	68 466	92 603	85 735
京津冀占比 /%	**10.4**	**9.5**	**9.4**	**8.8**	**8.8**	**8.3**

表 8-6 京津冀国内外观设计专利申请授权数按地区分布情况（2017—2022 年）

单位：件

项目	2017 年	2018 年	2019 年	2020 年	2021 年	2022 年
全国	**426 442**	**517 693**	**539 282**	**711 559**	**768 460**	**709 563**
京津冀合计	**26 904**	**32 228**	**36 835**	**47 538**	**47 758**	**44 648**
北京	14 846	17 299	20 196	24 222	23 490	22 648
天津	3478	4371	4522	5951	5458	4443
河北	8580	10 558	12 117	17 365	18 810	17 557
京津冀占比 /%	**6.3**	**6.2**	**6.8**	**6.7**	**6.2**	**6.3**

表 8-7　京津冀国内有效发明专利数按地区分布情况（2017—2022 年）

单位：件

项目	2017 年	2018 年	2019 年	2020 年	2021 年	2022 年
全国	**1 413 911**	**1 662 269**	**1 926 122**	**2 279 123**	**2 773 287**	**3 351 453**
京津冀合计	**255 420**	**298 287**	**347 882**	**407 874**	**490 103**	**580 911**
北京	205 320	241 282	284 288	335 575	405 037	477 790
天津	28 601	32 066	34 726	38 152	43 409	51 162
河北	21 499	24 939	28 868	34 147	41 657	51 959
京津冀占比 /%	**18.1**	**17.9**	**18.1**	**17.9**	**17.7**	**17.3**

表 8-8　京津冀国内有效实用新型专利数按地区分布情况（2017—2022 年）

单位：件

项目	2017 年	2018 年	2019 年	2020 年	2021 年	2022 年
全国	**3 563 389**	**4 359 926**	**5 214 362**	**6 895 886**	**9 190 633**	**10 781 169**
京津冀合计	**415 950**	**491 548**	**570 847**	**713 289**	**903 796**	**1 020 152**
北京	231 317	263 909	291 646	340 086	403 429	451 923
天津	103 917	123 971	149 930	189 936	244 766	260 469
河北	80 716	103 668	129 271	183 267	255 601	307 760
京津冀占比 /%	**11.7**	**11.3**	**10.9**	**10.3**	**9.8**	**9.5**

表 8-9　京津冀国内有效外观设计专利数按地区分布情况（2017—2022 年）

单位：件

项目	2017 年	2018 年	2019 年	2020 年	2021 年	2022 年
全国	**1 346 915**	**1 495 596**	**1 671 586**	**2 061 859**	**2 453 506**	**2 708 070**
京津冀合计	**96 768**	**108 937**	**128 647**	**158 492**	**183 889**	**202 875**
北京	58 304	64 738	77 119	92 429	105 150	117 002
天津	12 388	12 842	14 290	17 452	20 088	20 908
河北	26 076	31 357	37 238	48 611	58 651	64 965
京津冀占比 /%	**7.2**	**7.3**	**7.7**	**7.7**	**7.5**	**7.5**

表 8-10 京津冀商标注册申请与核准注册情况（2017—2022 年）

单位：件

地区	2017 年	2018 年	2019 年	2020 年	2021 年	2022 年
商标申请数						
全国	**5 538 980**	**7 127 032**	**7 582 356**	**9 116 454**	**9 192 675**	**7 304 007**
京津冀合计	**704 209**	**863 949**	**854 288**	**933 465**	**1 018 578**	**789 300**
北京	490 086	580 855	546 590	564 510	641 220	485 330
天津	49 849	64 234	73 310	85 096	95 011	71 347
河北	164 274	218 860	234 388	283 859	282 347	232 623
京津冀占比 /%	**12.7**	**12.1**	**11.3**	**10.2**	**11.1**	**10.8**
核准注册数						
全国	**2 656 039**	**4 796 851**	**6 177 791**	**5 576 545**	**7 545 358**	**6 001 698**
京津冀合计	**365 340**	**580 799**	**728 237**	**589 462**	**735 674**	**637 700**
北京	264 231	389 175	474 645	362 738	427 911	387 204
天津	26 938	41 496	56 538	51 092	67 921	54 955
河北	74 171	150 128	197 054	175 632	239 842	195 541
京津冀占比 /%	**13.8**	**12.1**	**11.8**	**10.6**	**9.8**	**10.6**

表 8-11 京津冀技术市场技术开发合同按地域分布情况（合同数）（2017—2022 年）

单位：项

项目	2017 年	2018 年	2019 年	2020 年	2021 年	2022 年
全国	**169 466**	**180 431**	**198 105**	**217 580**	**256 356**	**271 727**
京津冀合计	**33 860**	**37 980**	**36 758**	**38 373**	**41 503**	**38 114**
北京	25 936	29 496	28 888	30 905	32 406	30 169
天津	4685	4329	3787	3166	3491	3378
河北	3239	4155	4083	4302	5606	4567
京津冀占比 /%	**20.0**	**21.0**	**18.6**	**17.6**	**16.2**	**14.0**

表 8-12 京津冀技术市场技术转让合同按地域分布情况（合同数）（2017—2022 年）

单位：项

项目	2017 年	2018 年	2019 年	2020 年	2021 年	2022 年
全国	**16 698**	**15 381**	**16 953**	**23 243**	**34 317**	**38 081**
京津冀合计	**2101**	**1723**	**1803**	**2336**	**3239**	**2689**
北京	1121	907	971	1271	1469	1414
天津	574	328	315	403	889	555
河北	406	488	517	662	881	720
京津冀占比 /%	**12.6**	**11.2**	**10.6**	**10.1**	**9.4**	**7.1**

表 8-13 京津冀技术市场技术咨询合同按地域分布情况（合同数）（2017—2022 年）

单位：项

项目	2017 年	2018 年	2019 年	2020 年	2021 年	2022 年
全国	**26 735**	**29 828**	**31 215**	**36 151**	**44 650**	**52 955**
京津冀合计	**4604**	**4594**	**4489**	**4000**	**4091**	**8152**
北京	3051	3391	3380	2906	3018	5598
天津	1023	624	488	392	407	525
河北	530	579	621	702	666	2029
京津冀占比 /%	**17.2**	**15.4**	**14.4**	**11.1**	**9.2**	**15.4**

表 8-14 京津冀技术市场技术服务合同按地域分布情况（合同数）（2017—2022 年）

单位：项

项目	2017 年	2018 年	2019 年	2020 年	2021 年	2022 年
全国	**154 687**	**186 345**	**237 804**	**272 379**	**335 183**	**407 852**
京津冀合计	**33 696**	**36 797**	**44 688**	**41 375**	**48 227**	**48 793**
北京	25 836	27 419	31 898	30 466	34 512	32 415
天津	3926	4028	6687	4505	5099	6102
河北	3934	5350	6103	6404	8616	10 276
京津冀占比 /%	**21.8**	**19.7**	**18.8**	**15.2**	**14.4**	**12.0**

表 8-15　京津冀技术市场技术开发合同按地域分布情况（合同金额）（2017—2022 年）

单位：亿元

项目	2017 年	2018 年	2019 年	2020 年	2021 年	2022 年
全国	**4749**	**5889**	**7177**	**8874**	**11 674**	**14 011**
京津冀合计	**765**	**1014**	**1103**	**1532**	**1778**	**2317**
北京	641	832	931	1281	1422	1960
天津	47	66	53	74	76	112
河北	77	116	119	177	280	245
京津冀占比 /%	**16.1**	**17.2**	**15.4**	**17.3**	**15.2**	**16.5**

表 8-16　京津冀技术市场技术转让合同按地域分布情况（合同金额）（2017—2022 年）

单位：亿元

项目	2017 年	2018 年	2019 年	2020 年	2021 年	2022 年
全国	**1400**	**1610**	**2189**	**2398**	**3247**	**4002**
京津冀合计	**247**	**239**	**665**	**97**	**181**	**172**
北京	127	146	615	49	66	96
天津	95	63	24	30	74	37
河北	25	30	26	18	41	39
京津冀占比 /%	**17.6**	**14.8**	**30.4**	**4.0**	**5.6**	**4.3**

表 8-17　京津冀技术市场技术咨询合同按地域分布情况（合同金额）（2017—2022 年）

单位：亿元

项目	2017 年	2018 年	2019 年	2020 年	2021 年	2022 年
全国	**449**	**565**	**614**	**1105**	**951**	**967**
京津冀合计	**192**	**68**	**77**	**101**	**74**	**81**
北京	138	42	38	41	32	54
天津	45	11	18	9	10	6
河北	9	15	21	51	32	20
京津冀占比 /%	**42.8**	**12.0**	**12.5**	**9.1**	**7.8**	**8.4**

表 8-18　京津冀技术市场技术服务合同按地域分布情况（合同金额）（2017—2022 年）

单位：亿元

项目	2017 年	2018 年	2019 年	2020 年	2021 年	2022 年
全国	**6826**	**9635**	**12 418**	**15 875**	**21 423**	**28 719**
京津冀合计	**1410**	**1770**	**2423**	**2722**	**3159**	**3653**
北京	982	1228	1639	1757	1919	2001
天津	235	208	366	504	440	627
河北	193	334	418	461	800	1024
京津冀占比 /%	**20.7**	**18.4**	**19.5**	**17.1**	**14.7**	**12.7**

表 8-19　京津冀国外技术引进合同情况（2022 年）

地区	合同数 / 项	合同金额 / 亿美元	
			# 技术费
全国	**5369**	**304**	**303**
京津冀合计	**585**	**43**	**43**
北京	442	32	32
天津	89	9	9
河北	54	2	2
京津冀占比 /%	**10.9**	**14.1**	**14.2**

第九部分

国家高新技术产业开发区

表 9-1　京津冀国家高新技术产业开发区基本情况（2017—2022 年）

项目	2017 年	2018 年	2019 年	2020 年	2021 年	2022 年
国家高新技术产业开发区数 / 个						
全国	**156**	**169**	**169**	**169**	**169**	**177**
京津冀合计	**7**	**7**	**7**	**7**	**7**	**7**
北京	1	1	1	1	1	1
天津	1	1	1	1	1	1
河北	5	5	5	5	5	5
京津冀占比 /%	**4.5**	**4.1**	**4.1**	**4.1**	**4.1**	**4.0**
工商注册企业数 / 个						
全国	**1 852 665**	**2 317 764**	**2 866 714**	**2 866 714**	**4 279 940**	**5 146 982**
京津冀合计	**509 587**	**551 899**	**565 607**	**565 607**	**622 804**	**690 045**
北京	459 311	482 799	480 135	480 135	509 953	551 398
天津	15 211	25 791	36 016	36 016	49 800	60 615
河北	35 065	43 309	49 456	49 456	63 051	78 032
京津冀占比 /%	**27.5**	**23.8**	**19.7**	**19.7**	**14.6**	**13.4**
入统企业数 / 个						
全国	**103 631**	**120 057**	**141 147**	**165 357**	**181 541**	**205 848**
京津冀合计	**27 801**	**28 675**	**32 196**	**35 042**	**32 137**	**33 527**
北京	22 013	22 110	24 892	27 487	24 055	24 671
天津	4073	4251	4357	4240	4234	4496
河北	1715	2314	2947	3315	3848	4360
京津冀占比 /%	**26.8**	**23.9**	**22.8**	**21.2**	**17.7**	**16.3**
研究开发人员 / 人						
全国	**3 783 964**	**4 280 661**	**4 659 444**	**5 144 238**	**5 634 021**	**6 044 921**
京津冀合计	**860 744**	**905 601**	**983 611**	**1 026 015**	**1 110 365**	**1 145 496**
北京	735 847	784 720	863 167	901 109	978 381	1 005 583
天津	63 185	55 768	54 244	55 905	56 404	57 282
河北	61 712	65 113	66 200	69 001	75 580	82 631
京津冀占比 /%	**22.7**	**21.2**	**21.1**	**19.9**	**19.7**	**18.9**

续表

项目	2017年	2018年	2019年	2020年	2021年	2022年
R&D人员全时当量/人年						
全国	**1 590 137**	**1 772 053**	**1 819 811**	**2 023 547**	**1 863 768**	**2 103 335**
京津冀合计	**226 927**	**218 039**	**230 786**	**242 094**	**246 580**	**254 378**
北京	182 450	166 350	188 989	197 307	203 654	212 539
天津	24 309	25 158	21 235	19 663	17 878	18 516
河北	20 168	26 531	20 562	25 124	25 048	23 323
京津冀占比/%	**14.3**	**12.3**	**12.7**	**12.0**	**13.2**	**12.1**
研究开发经费内部支出/亿元						
全国	**10 162**	**12 675**	**16 116**	**17 314**	**20 571**	**23 117**
京津冀合计	**2364**	**2855**	**4442**	**3599**	**4370**	**4656**
北京	2101	2581	4150	3285	3975	4201
天津	131	124	131	130	144	153
河北	132	150	161	184	251	302
京津冀占比/%	**23.3**	**22.5**	**27.6**	**20.8**	**21.2**	**20.1**

表9–2 京津冀国家高新技术产业开发区企业数量及主要经济指标情况（2022年）

地区	高新技术企业数/个	工业总产值/亿元	净利润/亿元	上缴税费/亿元	出口总额/亿元	年末资产/亿元	年末负债/亿元
全国	**138 752**	**313 993**	**37 845**	**22 738**	**59 026**	**938 328**	**555 575**
京津冀合计	**21 661**	**19 751**	**7126**	**3909**	**3918**	**223 216**	**136 974**
北京	16 378	13 190	6241	3269	3202	198 747	121 924
天津	2917	1637	267	205	368	9488	5152
河北	2366	4924	618	435	348	14 981	9898
京津冀占比/%	**15.6**	**6.3**	**18.8**	**17.2**	**6.6**	**23.8**	**24.7**

表 9-3　京津冀国家高新技术产业开发区企业收入情况（2022 年）

单位：亿元

地区	营业收入			
		# 技术收入	产品销售收入	商品销售收入
全国	**533 618**	**73 955**	**367 472**	**49 993**
京津冀合计	**100 616**	**24 184**	**29 097**	**25 634**
北京	87 463	22 503	20 676	24 617
天津	5708	756	2730	583
河北	7445	925	5691	434
京津冀占比 /%	**18.9**	**32.7**	**7.9**	**51.3**

表 9-4　京津冀国家高新技术产业开发区企业人员情况（2022 年）

单位：人

地区	年末从业人员			
		# 留学归国人员	# 外籍常住人员	# 大专以上
全国	**26 145 059**	**273 097**	**70 953**	**16 433 776**
京津冀合计	**3 456 380**	**65 933**	**4887**	**2 814 894**
北京	2 790 189	63 209	4108	2 344 143
天津	235 542	1130	363	172 112
河北	430 649	1594	416	298 639
京津冀占比 /%	**13.2**	**24.1**	**6.9**	**17.1**

表 9-5　京津冀国家高新技术产业开发区企业 R&D 活动与科技活动情况（2022 年）

地区	研究开发人员 / 人		R&D 人员全时当量 / 人年	研究开发经费内部支出 / 亿元	
		# R&D 人员			# R&D 经费内部支出
全国	**6 044 921**	**3 154 198**	**2 103 335**	**23 117**	**11 213**
京津冀合计	**1 145 496**	**404 855**	**254 378**	**4656**	**1583**
北京	1 005 583	334 534	212 539	4201	1369
天津	57 282	31 447	18 516	153	80
河北	82 631	38 874	23 323	302	134
京津冀占比 /%	**18.9**	**12.8**	**12.1**	**20.1**	**14.1**

第十部分

科技企业孵化器

表 10-1　京津冀科技企业孵化器基本情况（2018—2022 年）

项目	2018 年	2019 年	2020 年	2021 年	2022 年
入统孵化器数量 / 个					
全国	**4849**	**5206**	**5843**	**6227**	**6659**
京津冀合计	**452**	**462**	**624**	**668**	**708**
北京	152	130	246	270	272
天津	72	81	104	109	110
河北	228	251	274	289	326
京津冀占比 /%	**9.3**	**8.9**	**10.7**	**10.7**	**10.6**
孵化器场地总面积 / 万平方米					
全国	**13 192.9**	**12 927.9**	**13 088.5**	**13 388.3**	**13 685.9**
京津冀合计	**979.4**	**961.3**	**1086.4**	**1139.8**	**1163.0**
北京	312.9	329.2	399.6	474.3	445.0
天津	136.5	132.2	152.9	155.2	145.7
河北	530	499.9	533.9	510.3	572.3
京津冀占比 /%	**7.4**	**7.4**	**8.3**	**8.5**	**8.5**
在孵企业数 / 个					
全国	**206 024**	**216 828**	**233 351**	**243 635**	**348 344**
京津冀合计	**20 680**	**21 478**	**26 685**	**26 879**	**26 465**
北京	9629	9444	13 008	12 388	11 544
天津	4263	4309	5037	5120	5020
河北	6788	7725	8640	9371	9901
京津冀占比 /%	**10.0**	**9.9**	**11.4**	**11.0**	**7.6**
在孵企业从业人员 / 万人					
全国	**290.2**	**294.9**	**296.9**	**309.6**	**305.6**
京津冀合计	**30.3**	**32.1**	**33.7**	**36.0**	**33.9**
北京	14.8	16	18	19.6	18.1
天津	5.9	5.8	6.1	6.0	5.5
河北	9.6	10.3	9.5	10.4	10.3
京津冀占比 /%	**10.4**	**10.9**	**11.4**	**11.6**	**11.1**

续表

项目	2018 年	2019 年	2020 年	2021 年	2022 年
当年获得风险投资额 / 亿元					
全国	**630**	**546**	**786**	**1227**	**1265**
京津冀合计	**136**	**93**	**159**	**306**	**358**
北京	129	89	150	286	345
天津	3	2	4	13	8
河北	4	3	5	7	5
京津冀占比 /%	**21.6**	**17.0**	**20.2**	**24.9**	**28.3**
累计毕业企业 / 个					
全国	**139 396**	**160 850**	**188 707**	**215 969**	**237 906**
京津冀合计	**20 741**	**21 971**	**29 682**	**37 730**	**34 052**
北京	14 986	15 091	21 414	28 564	23 318
天津	2220	2479	2626	3214	3514
河北	3535	4401	5642	5952	7220
京津冀占比 /%	**14.9**	**13.7**	**15.7**	**17.5**	**14.3**

表 10-2　京津冀科技企业孵化器孵化企业情况（2022 年）

单位：个

地区	在孵企业数	# 高新技术企业	# 当年新增在孵企业	累计毕业企业	# 当年毕业企业	# 收入达 5000 万元企业
全国	**248 344**	**15 822**	**67 284**	**237 906**	**32 121**	**4596**
京津冀合计	**26 465**	**2229**	**7213**	**34 052**	**3570**	**435**
北京	11 544	1398	3074	23 318	2044	248
天津	5020	368	1225	3514	486	122
河北	9901	463	2914	7220	1040	65
京津冀占比 /%	**10.7**	**14.1**	**10.7**	**14.3**	**11.1**	**9.5**

表 10–3　京津冀科技企业孵化器孵化场地情况（2022 年）

单位：平方米

地区	总面积				
		办公用房	企业用房	服务用房	其他
全国	**136 858 969**	**7 964 427**	**96 512 720**	**17 461 549**	**14 920 273**
京津冀合计	**11 631 018**	**825 162**	**8 098 010**	**1 574 377**	**1 133 469**
北京	4 450 263	258 896	3 080 154	781 258	329 956
天津	1 457 435	58 486	1 130 190	182 466	86 293
河北	5 723 320	507 780	3 887 666	610 653	717 220
京津冀占比 /%	**8.5**	**10.4**	**8.4**	**9.0**	**7.6**

表 10–4　京津冀科技企业孵化器当年在孵企业情况（2022 年）

地区	在孵企业从业人员数 / 人	在孵企业总收入 / 亿元	当年获得投融资企业数 / 个	当年获风险投资额 / 亿元	当年获得孵化基金在孵企业数 / 个
全国	**3 056 351**	**10 821**	**17 243**	**1265**	**10 985**
京津冀合计	**339 201**	**1475**	**1919**	**358**	**1165**
北京	181 106	1133	965	345	487
天津	55 059	134	523	8	307
河北	103 036	208	431	5	371
京津冀占比 /%	**11.1**	**13.6**	**11.1**	**28.3**	**10.6**

表 10–5　京津冀国家级科技企业孵化器基本情况（2022 年）

地区	在统孵化器数量 / 个	孵化器总收入 / 亿元	管理机构从业人员数 / 人	孵化基金总额 / 亿元	创业导师人数 / 人	对公共技术服务平台投资额 / 亿元
全国	**1406**	**229**	**24 759**	**1205**	**32 674**	**46**
京津冀合计	**140**	**27**	**2628**	**335**	**3879**	**3**
北京	65	21	1445	319	2330	2
天津	34	3	514	6	769	1
河北	41	3	669	10	780	0
京津冀占比 /%	**10.0**	**11.8**	**10.6**	**27.8**	**11.9**	**6.5**

表 10-6 京津冀国家级科技企业孵化器孵化企业情况（2022 年）

单位：个

地区	在孵企业数	# 高新技术企业	# 当年新增在孵企业	累计毕业企业	# 当年毕业企业	# 收入达 5000 万元企业
全国	**105 313**	**10 271**	**25 582**	**140 790**	**13 770**	**3043**
京津冀合计	**10 914**	**1363**	**2578**	**17 671**	**1446**	**304**
北京	5138	750	1176	11 496	787	167
天津	2613	287	697	2714	310	101
河北	3163	326	705	3461	349	36
京津冀占比 /%	**10.4**	**13.3**	**10.1**	**12.6**	**10.5**	**10.0**

表 10-7 京津冀国家级科技企业孵化器孵化场地情况（2022 年）

单位：平方米

地区	总面积				
		办公用房	企业用房	服务用房	其他
全国	**44 003 362**	**1 432 379**	**32 929 771**	**5 862 813**	**3 778 400**
京津冀合计	**3 375 734**	**116 314**	**2 670 489**	**393 167**	**195 765**
北京	1 541 445	66 818	1 160 870	211 610	102 147
天津	736 861	17 778	595 614	82 479	40 991
河北	1 097 428	31 718	914 005	99 078	52 627
京津冀占比 /%	**7.7**	**8.1**	**8.1**	**6.7**	**5.2**

表 10-8 京津冀国家级科技企业孵化器当年在孵企业情况（2022 年）

地区	在孵企业从业人员数 / 人	在孵企业总收入 / 亿元	当年获得投融资企业数 / 个	当年获风险投资额 / 亿元	当年获得孵化基金在孵企业数 / 个
全国	**1 482 836**	**5489**	**9479**	**734**	**5409**
京津冀合计	**173 010**	**906**	**1107**	**169**	**465**
北京	97 796	749	516	158	156
天津	35 660	72	375	7	223
河北	39 554	85	216	4	86
京津冀占比 /%	**11.7**	**16.5**	**11.7**	**23.0**	**8.6**

第十一部分

国家级高新技术企业

表 11-1　京津冀国家高新技术企业基本情况（2017—2022 年）

项目	2017 年	2018 年	2019 年	2020 年	2021 年	2022 年
入统企业数 / 个						
全国	**130 632**	**172 262**	**218 544**	**269 896**	**324 112**	**394 525**
京津冀合计	**23 398**	**28 658**	**36 814**	**40 571**	**45 159**	**48 826**
北京	16 267	18 749	23 190	23 991	25 071	25 702
天津	4009	4889	6013	7350	9118	10 715
河北	3122	5020	7611	9230	10 970	12 409
京津冀占比 /%	**17.9**	**16.6**	**16.8**	**15.0**	**13.9**	**12.4**
科技活动人员 / 人						
全国	**6 586 793**	**7 566 809**	**8 247 973**	**9 159 988**	**10 192 155**	**11 226 102**
京津冀合计	**1 050 872**	**1 183 303**	**1 345 899**	**1 464 346**	**1 637 574**	**1 718 489**
北京	713 447	790 691	909 108	990 386	1 128 753	1 173 625
天津	150 826	163 208	172 151	186 477	204 925	220 051
河北	186 599	229 404	264 640	287 483	303 896	324 813
京津冀占比 /%	**16.0**	**15.6**	**16.3**	**16.0**	**16.1**	**15.3**
R&D 人员全时当量 / 人年						
全国	**2 633 467**	**2 857 665**	**2 860 041**	**3 192 980**	**2 748 285**	**3 114 170**
京津冀合计	**299 765**	**318 913**	**305 407**	**356 964**	**345 385**	**365 746**
北京	172 450	168 979	177 438	206 137	213 856	219 691
天津	71 802	77 017	61 172	68 916	66 905	74 554
河北	55 513	72 917	66 797	81 911	64 624	71 501
京津冀占比 /%	**11.4**	**11.2**	**10.7**	**11.2**	**12.6**	**11.7**
R&D 经费内部支出 / 亿元						
全国	**9280**	**10 847**	**11 850**	**13 310**	**14 662**	**16 244**
京津冀合计	**1229**	**1552**	**1638**	**1868**	**2294**	**2295**
北京	759	940	1032	1195	1482	1413
天津	241	290	246	263	348	373
河北	229	322	360	410	463	509
京津冀占比 /%	**13.2**	**14.3**	**13.8**	**14.0**	**15.6**	**14.1**

续表

项目	2017 年	2018 年	2019 年	2020 年	2021 年	2022 年
营业收入 / 亿元						
全国	**318 374**	**389 204**	**450 958**	**520 845**	**650 459**	**720 238**
京津冀合计	**44 479**	**57 282**	**67 834**	**79 576**	**98 739**	**102 363**
北京	27 417	32 082	38 025	45 665	56 668	57 732
天津	7204	8817	10 043	11 484	13 742	14 490
河北	9858	16 383	19 766	22 427	28 329	30 141
京津冀占比 /%	**14.0**	**14.7**	**15.0**	**15.3**	**15.2**	**14.2**

表 11-2　京津冀国家高新技术企业主要经济指标（2022 年）

单位：亿元

地区	工业总产值	营业收入			
			# 技术收入	# 产品销售收入	# 商品销售收入
全国	**523 083**	**720 238**	**94 235**	**581 032**	**10 638**
京津冀合计	**44 825**	**102 363**	**28 250**	**57 390**	**3297**
北京	10 423	57 732	24 252	19 371	2850
天津	8008	14 490	2323	11 328	166
河北	26 394	30 141	1675	26 691	281
京津冀占比 /%	**8.6**	**14.2**	**30.0**	**9.9**	**31.0**

表 11-3　京津冀国家高新技术企业人员情况（2022 年）

单位：人

地区	年末从业人员			
		# 留学归国人员	# 外籍常住人员	# 大专以上
全国	**45 920 419**	**244 626**	**50 334**	**24 040 214**
京津冀合计	**5 293 636**	**62 103**	**3796**	**3 712 700**
北京	2 922 175	57 502	3071	2 478 792
天津	794 051	2801	390	507 618
河北	1 577 410	1800	335	726 290
京津冀占比 /%	**11.5**	**25.4**	**7.5**	**15.4**

表 11-4　京津冀国家高新技术企业 R&D 活动与科研活动情况（2022 年）

地区	科技活动人员 / 人	# R&D 人员	R&D 人员全时当量 / 人年	科技活动经费内部支出 / 亿元	# R&D 经费内部支出
全国	**11 226 102**	**4 993 939**	**3 114 170**	**38 661**	**16 244**
京津冀合计	**1 718 489**	**609 161**	**365 746**	**6818**	**2295**
北京	1 173 625	342 728	219 691	4900	1413
天津	220 051	129 957	74 554	671	373
河北	324 813	136 476	71 501	1247	509
京津冀占比 /%	**15.3**	**12.2**	**11.7**	**17.6**	**14.1**

2023 京津冀科技统计年鉴

第十二部分

国家大学科技园

表 12-1　京津冀国家大学科技园基本情况（2017—2022 年）

项目	2017 年	2018 年	2019 年	2020 年	2021 年	2022 年
孵化基金总额 / 万元						
全国	**224 670**	**134 166**	**152 065**	**245 279**	**420 257**	**587 980**
京津冀合计	**110 841**	**11 246**	**11 896**	**17 347**	**78 240**	**77 920**
北京	109 091	9396	10 246	15 347	76 110	75 840
天津				100		
河北	1750	1850	1650	1900	2130	2080
京津冀占比 /%	**49.3**	**8.4**	**7.8**	**7.1**	**18.6**	**13.3**
场地面积 / 平方米						
全国	**7 938 354**	**7 085 649**	**5 996 259**	**5 707 300**	**6 184 230**	**6 072 174**
京津冀合计	**1 745 976**	**1 690 415**	**1 388 106**	**1 173 983**	**1 143 719**	**1 141 564**
北京	1 375 328	1 343 248	1 051 939	871 052	840 407	834 241
天津	171 900	171 900	171 900	173 127	173 127	183 127
河北	198 748	175 267	164 267	129 804	130 185	124 196
京津冀占比 /%	**22.0**	**23.9**	**23.1**	**20.6**	**18.5**	**18.8**
在孵企业 / 个						
全国	**10 448**	**10 127**	**9483**	**9228**	**10 844**	**10 621**
京津冀合计	**1931**	**1908**	**1557**	**1548**	**1612**	**1586**
北京	1656	1648	1357	1284	1313	1232
天津	40	39	32	51	71	121
河北	235	221	168	213	228	233
京津冀占比 /%	**18.5**	**18.8**	**16.4**	**16.8**	**14.9**	**14.9**
从业人员数 / 人						
全国	**136 687**	**127 711**	**122 951**	**109 956**	**125 009**	**115 007**
京津冀合计	**30 512**	**26 898**	**22 824**	**16 597**	**16 133**	**16 217**
北京	23 097	19 682	15 917	12 164	11 654	11 173
天津	446	364	306	681	611	812
河北	6969	6852	6601	3752	3868	4232
京津冀占比 /%	**22.3**	**21.1**	**18.6**	**15.1**	**12.9**	**14.1**

续表

项目	2017年	2018年	2019年	2020年	2021年	2022年
在孵企业总收入 / 亿元						
全国	**340**	**325**	**326**	**333**	**407**	**374**
京津冀合计	**75**	**70**	**65**	**66**	**58**	**57**
北京	53	48	42	58	51	50
天津	1	1	1	2	2	3
河北	21	21	22	6	5	4
京津冀占比 /%	**22.1**	**21.5**	**19.9**	**19.8**	**14.3**	**15.2**
工业总产值 / 亿元						
全国	**135**	**131**	**137**	**144**	**172**	**158**
京津冀合计	**24**	**24**	**28**	**41**	**43**	**43**
北京	14	14	18	39	40	41
天津	0	0	0	1	2	1
河北	10	10	10	1	1	1
京津冀占比 /%	**17.8**	**18.3**	**20.4**	**28.5**	**25.0**	**27.2**

表 12-2 京津冀国家大学科技园人员情况（2022 年）

单位：人

地区	管理机构从业人员总数	# 博士	硕士	# 研究生学历	本科	大专	# 留学回国人员
全国	**3013**	**185**	**903**	**1054**	**1628**	**232**	**115**
京津冀合计	**487**	**34**	**180**	**210**	**231**	**34**	**31**
北京	428	28	168	190	196	31	29
天津	6			2	4		
河北	53	6	12	18	31	3	2
京津冀占比 /%	**16.2**	**18.4**	**19.9**	**19.9**	**14.2**	**14.7**	**27.0**

表 12-3　京津冀国家大学科技园孵化场地情况（2022 年）

单位：平方米

地区	孵化场地总面积	办公用房	孵化用房	研发用房	生产用房	其他
全国	**6 072 174**	**213 167**	**2 943 862**	**920 125**	**571 255**	**1 423 766**
京津冀合计	**1 141 564**	**32 881**	**461 595**	**137 493**	**25 846**	**483 748**
北京	834 241	10 660	262 512	91 779		469 289
天津	183 127	16 958	111 469	33 000	16 000	5700
河北	124 196	5263	87 614	12 714	9846	8759
京津冀占比 /%	**18.8**	**15.4**	**15.7**	**14.9**	**4.5**	**34.0**

表 12-4　京津冀国家大学科技园在孵企业情况（2022 年）

地区	在孵企业 / 个	# 当年新孵	工业总产值 / 万元	净利润 / 万元	上缴税金 / 万元
全国	**10 621**	**3033**	**1 578 460**	**251 635**	**162 354**
京津冀合计	**1586**	**424**	**439 342**	**54 043**	**28 737**
北京	1232	290	411 710	48 643	26 443
天津	121	65	14 597	1307	759
河北	233	69	13 035	4093	1535
京津冀占比 /%	**14.9**	**14.0**	**27.8**	**21.5**	**17.8**

第十三部分

火炬特色产业基地

表 13-1　京津冀火炬特色产业基地基本情况（2017—2022 年）

项目	2017 年	2018 年	2019 年	2020 年	2021 年	2022 年
入统基地数 / 个						
全国	**441**	**439**	**437**	**471**	**475**	**511**
京津冀合计	**23**	**22**	**22**	**23**	**23**	**24**
北京	1	1	1	1	1	1
天津	9	9	9	9	9	10
河北	13	12	12	13	13	13
京津冀占比 /%	**5.2**	**5.0**	**5.0**	**4.9**	**4.8**	**4.7**
基地内企业数 / 个						
全国	**163 364**	**177 245**	**188 922**	**205 254**	**251 689**	**186 243**
京津冀合计	**11 531**	**13 691**	**14 459**	**15 189**	**16 557**	**13 561**
北京	4440	5822	6451	6750	6855	4704
天津	5095	5781	6246	6668	7194	6998
河北	1996	2088	1762	1771	2508	1859
京津冀占比 /%	**7.1**	**7.7**	**7.7**	**7.4**	**6.6**	**7.3**
总收入 / 亿元						
全国	**104 652**	**108 757**	**112 704**	**127 095**	**141 352**	**161 843**
京津冀合计	**4545**	**4884**	**5353**	**5424**	**6746**	**7272**
北京	338	357	432	491	550	540
天津	1038	1273	1493	1535	1977	2413
河北	3169	3254	3428	3398	4219	4319
京津冀占比 /%	**4.3**	**4.5**	**4.7**	**4.3**	**4.8**	**4.5**

表 13-2　京津冀火炬特色产业基地经济指标情况（2022 年）

单位：亿元

地区	工业总产值	上缴税额	净利润	出口总额
全国	**153 033**	**7240**	**9178**	**14 457**
京津冀合计	**4209**	**188**	**284**	**276**
北京	68	13	18	
天津	1455	68	58	65
河北	2686	107	208	211
京津冀占比 /%	**2.8**	**2.6**	**3.1**	**1.9**

表 13-3　京津冀火炬特色产业基地人员情况（2022 年）

单位：人

地区	企业人员总数	# 大专以上	# 博士	# 硕士
全国	**13 485 801**	**4 562 194**	**38 276**	**259 190**
京津冀合计	**451 824**	**217 103**	**1790**	**13 213**
北京	47 000	28 519	126	2019
天津	137 507	54 227	1008	5571
河北	267 317	134 357	656	5623
京津冀占比 /%	**3.4**	**4.8**	**4.7**	**5.1**

2023/京津冀科技统计年鉴

第十四部分

创新型产业集群

表 14-1 京津冀创新型产业集群基本情况（2020—2022 年）

项目	2020 年	2021 年	2022 年
企业总数 / 个			
全国	**25 953**	**34 856**	**48 397**
京津冀合计	**3561**	**4548**	**6008**
北京	882	901	954
天津	1329	2457	3240
河北	1350	1190	1814
京津冀占比 /%	**13.7**	**13.0**	**12.4**
年末从业人员 / 人			
全国	**4 308 204**	**5 379 244**	**7 847 586**
京津冀合计	**396 540**	**464 937**	**672 240**
北京	138 934	152 569	158 328
天津	93 833	145 379	225 904
河北	163 773	166 989	288 008
京津冀占比 /%	**9.2**	**8.6**	**8.6**
营业收入 / 亿元			
全国	**62 618**	**86 800**	**138 410**
京津冀合计	**9700**	**11 782**	**17 716**
北京	5314	6369	6901
天津	2052	2871	5743
河北	2334	2542	5072
京津冀占比 /%	**15.5**	**13.6**	**12.8**

表 14–2　京津冀创新型产业集群企业数量和从业人员情况（2022 年）

地区	企业总数 / 个	# 高新技术企业数	年末从业人员 / 人	# 研究开发人员
全国	**48 397**	**23 598**	**7 847 586**	**1 901 340**
京津冀合计	**6008**	**3040**	**672 240**	**250 348**
北京	954	515	158 328	94 753
天津	3240	1607	225 904	54 313
河北	1814	918	288 008	101 282
京津冀占比 /%	**12.4**	**12.9**	**8.6**	**13.2**

表 14–3　京津冀创新型产业集群主要经济指标情况（2022 年）

单位：亿元

地区	出口总额	净利润	上缴税费
全国	**19 815**	**11 462**	**6268**
京津冀合计	**711**	**1464**	**698**
北京	176	750	313
天津	194	346	151
河北	341	368	235
京津冀占比 /%	**3.6**	**12.8**	**11.1**

表 14–4　京津冀创新型产业集群主要科技活动成果情况（2022 年）

地区	当年发明专利授权 / 件	拥有有效发明专利 / 件	拥有注册商标 / 件	当年形成国家或行业标准 / 项	认定登记的技术合同成交金额 / 亿元
全国	**99 946**	**631 250**	**483 948**	**2378**	**2788**
京津冀合计	**13 786**	**68 612**	**55 240**	**248**	**182**
北京	10 519	47 555	33 637	86	72
天津	1706	10 640	4221	62	93
河北	1561	10 417	17 382	100	17
京津冀占比 /%	**13.8**	**10.9**	**11.4**	**10.4**	**6.5**

表 14-5　京津冀创新型产业集群主要服务机构情况（2022 年）

单位：个

地区	国家级科技企业孵化器	国家技术转移示范机构	国家级生产力促进中心	具有国家级资质产品检验检测机构	研发机构	产品联盟组织数
全国	**462**	**164**	**225**	**284**	**11 756**	**738**
京津冀合计	**47**	**7**	**37**	**26**	**852**	**63**
北京	12			1	135	14
天津	15	4	29	21	372	31
河北	20	3	8	4	345	18
京津冀占比 /%	**10.2**	**4.3**	**16.4**	**9.2**	**7.2**	**8.5**

第十五部分

科学技术普及

表 15-1　京津冀科学技术普及基本情况（2017—2022 年）

项目	2017 年	2018 年	2019 年	2020 年	2021 年	2022 年
科普专职人员 / 人						
全国	**227 008**	**223 958**	**250 197**	**248 670**	**264 339**	**273 931**
京津冀合计	**20 753**	**27 045**	**28 772**	**27 322**	**23 604**	**24 182**
北京	8077	8490	8518	8208	8796	8620
天津	1780	2582	3341	3689	4224	5013
河北	10 896	15 973	16 913	15 425	10 584	10 549
京津冀占比 /%	**9.1**	**12.1**	**11.5**	**11.0**	**8.9**	**8.8**
科技馆数量 / 个						
全国	**488**	**518**	**533**	**573**	**661**	**694**
京津冀合计	**41**	**49**	**47**	**46**	**46**	**40**
北京	29	28	27	26	22	15
天津	1	4	4	4	4	3
河北	11	17	16	16	20	22
京津冀占比 /%	**8.4**	**9.5**	**8.8**	**8.0**	**7.0**	**5.8**
科技馆建筑面积 / 万平方米						
全国	**371**	**400**	**420**	**458**	**506**	**534**
京津冀合计	**34**	**46**	**41**	**43**	**42**	**40**
北京	25	32	27	26	25	22
天津	2	2	2	5	5	5
河北	7	12	12	13	12	14
京津冀占比 /%	**9.2**	**11.5**	**9.8**	**9.4**	**8.3**	**7.5**
年度科普经费筹集额 / 亿元						
全国	**160**	**161**	**186**	**172**	**189**	**191**
京津冀合计	**32**	**33**	**35**	**27**	**30**	**34**
北京	27	26	28	20	23	26
天津	2	2	3	3	4	4
河北	3	5	4	4	3	3
京津冀占比 /%	**20.0**	**20.5**	**18.8**	**15.7**	**15.9**	**17.7**

续表

项目	2017年	2018年	2019年	2020年	2021年	2022年
科普图书出版总册数 / 万册						
全国	**11 188**	**8607**	**13 527**	**9854**	**8560**	**10 391**
京津冀合计	**5025**	**5274**	**8215**	**3225**	**3043**	**5237**
北京	4632	5137	8045	2934	2647	2571
天津	191	93	140	257	295	342
河北	202	44	29	34	101	2323
京津冀占比 /%	**44.9**	**61.3**	**60.7**	**32.7**	**35.5**	**50.4**
科普专题活动次数 / 次						
全国	**115 999**	**116 828**	**118 937**	**109 011**	**111 563**	**119 059**
京津冀合计	**12 765**	**11 250**	**12 173**	**12 469**	**13 839**	**14 877**
北京	3867	3468	3764	2888	3174	3528
天津	4184	3738	4081	5528	6426	7171
河北	4714	4044	4328	4053	4239	4178
京津冀占比 /%	**11.0**	**9.6**	**10.2**	**11.4**	**12.4**	**12.5**

注：2021 年和 2022 年科普专题活动次数为线上线下合计数。

表 15-2　京津冀科普专职人员情况（2022 年）

单位：人

地区	科普专职人员	# 中级职称以上或本科以上学历	# 女性	# 农村科普人员	# 管理人员	# 科普创作人员
全国	**273 931**	**177 404**	**116 399**	**72 804**	**48 093**	**20 364**
京津冀合计	**24 182**	**17 945**	**12 061**	**3954**	**4213**	**3153**
北京	8620	7105	4940	534	1565	1689
天津	5013	4019	2579	345	933	938
河北	10 549	6821	4542	3075	1715	526
京津冀占比 /%	**8.8**	**10.1**	**10.4**	**5.4**	**8.8**	**15.5**

表 15-3　京津冀科普兼职人员情况（2022 年）

地区	科普兼职人员 / 人	# 中级职称以上或本科以上学历	# 女性	# 农村科普人员	# 注册科普志愿者	科普兼职人员年度实际投入工作量 / 人天
全国	**1 722 790**	**1 048 602**	**763 270**	**402 079**	**6 867 092**	**30 502 667**
京津冀合计	**149 012**	**104 659**	**80 025**	**29 932**	**390 075**	**2 688 968**
北京	50 139	38 342	28 889	5687	108 867	756 362
天津	39 322	31 666	23 542	5381	209 715	716 056
河北	59 551	34 651	27 594	18 864	71 493	1 216 550
京津冀占比 /%	**8.6**	**10.0**	**10.5**	**7.4**	**5.7**	**8.8**

表 15-4　京津冀科普场地情况（2022 年）

项目	全国	京津冀合计	北京	天津	河北	京津冀占比 /%
科技馆数量 / 个	**694**	**40**	15	3	22	**5.8**
科技馆建筑面积 / 万平方米	**534**	**40**	22	5	14	**7.5**
科技馆展厅面积 / 万平方米	**275**	**19**	9	3	7	**6.9**
科技馆当年参观人数 / 万人次	**5125**	**355**	260	37	59	**6.9**
科学技术类博物馆数量 / 个	**989**	**113**	65	13	35	**11.4**
科学技术类博物馆建筑面积 / 万平方米	**749**	**113**	64	23	26	**15.1**
科学技术类博物馆展厅面积 / 万平方米	**348**	**45**	26	8	11	**12.9**
科学技术类博物馆当年参观人数 / 万人次	**8187**	**964**	497	314	153	**11.8**
青少年科技馆站 / 个	**569**	**43**	18	4	21	**7.6**
城市社区科普（技）活动场所 / 个	**48 744**	**3753**	1061	1344	1348	**7.7**
农村科普（技）活动场所 / 个	**166 857**	**13 504**	1404	2867	9233	**8.1**
科普宣传专用车 / 辆	**1118**	**170**	80	67	23	**15.2**
科普宣传栏 / 个	**259 592**	**20 891**	6074	2629	12 188	**8.0**

表 15-5　京津冀科普经费情况（2022 年）

单位：万元

项目	全国	京津冀合计				京津冀占比 /%
			北京	天津	河北	
年度科普经费筹集额	**1 909 976**	**338 060**	264 876	43 833	29 351	**17.7**
# 政府拨款	**1 542 996**	**241 265**	201 153	16 113	23 999	**15.6**
# 科普专项经费	**748 042**	**140 768**	123 895	4586	12 287	**18.8**
# 捐赠	**8621**	**1015**	721	20	274	**11.8**
# 自筹资金	**358 360**	**131 080**	63 001	63 001	5078	**36.6**
年度科普经费使用额	**1 900 441**	**331 547**	259 258	43 348	28 941	**17.4**
# 行政支出	**401 900**	**55 189**	39 920	9790	5479	**13.7**
# 科普活动支出	**798 259**	**141 970**	119 647	8725	13 598	**17.8**
# 科普场馆基建支出	**276 703**	**22 683**	5538	14 012	3133	**8.2**
# 政府拨款支出	**146 695**	**4453**	2597	425	1431	**3.0**
# 展品、设施支出	**196 455**	**31 553**	21 649	6182	3722	**16.1**
# 其他支出	**227 124**	**80 151**	72 504	4638	3009	**35.3**

表 15-6　京津冀科普传媒情况（2022 年）

项目	全国	京津冀合计				京津冀占比 /%
			北京	天津	河北	
科普图书出版种数 / 种	**11 497**	**4514**	3893	328	293	**39.3**
科普图书出版总册数 / 万册	**10 391**	**5237**	2571	342	2323	**50.4**
科普期刊出版种数 / 种	**1042**	**334**	109	189	36	**32.1**
科普期刊出版总册数 / 万册	**8302**	**4064**	3078	677	308	**49.0**
科技类报纸年发行总份数 / 万份	**8384**	**2602**	2347	195	60	**31.0**
电视台播出科普（技）节目时间 / 小时	**188 065**	**20 120**	12 377	2265	5478	**10.7**
电台播出科普（技）节目时间 / 小时	**164 564**	**14 105**	11 582	279	2244	**8.6**
科普网站数 / 个	**1788**	**285**	161	63	61	**15.9**
发放科普读物和资料 / 万份	**40 890**	**3732**	1433	565	1733	**9.1**

表 15-7　京津冀科普活动情况（2022 年）

项目	全国	京津冀合计	北京	天津	河北	京津冀占比 /%
科普（技）讲座举办次数 / 次	**1 101 026**	**98 671**	40 010	32 934	25 727	**9.0**
科普（技）讲座参加人数 / 万人次	**231 929**	**125 483**	119 991	4251	1241	**54.1**
科普（技）展览专题展览次数 / 次	**96 986**	**6473**	1844	2239	2390	**6.7**
科普（技）展览参观人数 / 万人次	**22 984**	**2764**	2089	394	281	**12.0**
科普（技）竞赛举办次数 / 次	**38 489**	**4196**	1994	1112	1090	**10.9**
科普（技）竞赛参加人数 / 万人次	**31 491**	**10 069**	8803	1112	154	**32.0**
科普国际交流举办次数 / 次	**674**	**141**	94	36	11	**20.9**
科普国际交流参加人数 / 万人次	**2245**	**310**	309	1	0	**13.8**
成立青少年科技兴趣小组个数 / 个	**135 484**	**11 149**	3532	2592	5025	**8.2**
青少年科技兴趣小组参加人数 / 万人次	**863**	**74**	21	17	36	**8.6**
科技夏（冬）令营举办次数 / 次	**6915**	**589**	333	180	76	**8.5**
科技夏（冬）令营参加人数 / 万人次	**159**	**37**	32	4	1	**23.2**
科技活动周科普专题活动次数 / 次	**119 059**	**14 877**	3528	7171	4178	**12.5**
科技活动周参加人数 / 万人次	**53 836**	**30 462**	29 041	1117	305	**56.6**
科研机构、大学向社会开放单位数 / 个	**6457**	**619**	214	207	198	**9.6**
科研机构、大学参观人数 / 万人次	**1615**	**689**	672	10	6	**42.7**
实用技术培训举办次数 / 次	**363 394**	**27 316**	4455	5497	17 364	**7.5**
实用技术培训参加人数 / 万人次	**3595**	**535**	48	89	398	**14.9**
重大科普活动次数 / 次	**10 874**	**1001**	480	225	296	**9.2**

注：科普（技）讲座、科普（技）展览、科普（技）竞赛、科技活动周科普专题活动次数及参加人数为线上线下合计数。

2023/京津冀科技统计年鉴

第十六部分

主要统计指标解释

一般公共预算收入　指国家财政参与社会产品分配所取得的收入，是实现国家职能的财力保证。主要包括：①各项税收：包括国内增值税、国内消费税、进口货物增值税和消费税、出口货物退增值税和消费税、营业税、企业所得税、个人所得税、资源税、城市维护建设税、房产税、印花税、城镇土地使用税、土地增值税、车船税、船舶吨税、车辆购置税、关税、耕地占用税、契税、烟叶税等。②非税收入：包括专项收入、行政事业性收费、罚没收入和其他收入。财政收入按现行分税制财政体制划分为中央本级收入和地方本级收入。

一般公共预算支出　指国家财政将筹集起来的资金进行分配使用，以满足经济建设和各项事业的需要。主要包括：一般公共服务、外交、国防、公共安全、教育、科学技术、文化体育与传媒、社会保障和就业、医疗卫生与计划生育、节能环保、城乡社区、农林水、交通运输、资源勘探信息等、商业服务业等、金融、援助其他地区、国土海洋气象等、住房保障、粮油物资储备、债务付息、债务发行费用等方面的支出。财政支出根据政府在经济和社会活动中的不同职权，划分为中央财政支出和地方财政支出。

地方财政的科学技术支出　指地方用于科学技术方面的支出，与政府收支分类科目206相同，包括中央对地方的科技转移支付。

科学技术管理事务　指填在政府收支分类科目20601中各级政府部门科学技术管理事务方面的支出，包括中央对此项目的转移支付。

基础研究　指填在政府收支分类科目20602中从事基础研究和近期无法取得实用价值的应用研究机构的支出、专项科学研究支出，以及重点实验室、重大科学工程的支出，包括中央对此项目的转移支付。

应用研究　指填在政府收支分类科目20603中在基础研究成果上，针对某一特定的实际目标或目标进行的创造性研究工作的支出，包括社会公益研究、高技术研究、专项科研试制等方面的支出，包括中央对此项目的转移支付。

技术研究与开发　指填在政府收支分类科目20604中用于技术研究与开发等方面的支出，包括应用技术研究与开发、产业技术研究与开发和科技成果转化与扩散等方面的支出，还包括电子信息产业发展基金，包括中央对此项目的转移支付。

科技条件与服务　指填在政府收支分类科目20605中用于完善科技条件及从事科技标准、计量和检测，科技数据、种质资源、标本、基因的收集、加工处理和服务，科技文献信息资源的采集、保存、加工和服务等为科技活动提供基础性、通用性服务的支出，包括中央对此项目的转移支付。

社会科学　指填在政府收支分类科目20606中用于社会科学方面的支出，包括中央对此项目的转移支付。

科学技术普及　指填在政府收支分类科目20607中用于科学技术普及方面的支出，包括中央对此项目的转移支付。

科技交流与合作 指填在政府收支分类科目 20608 中用于科技交流与合作方面的支出，包括中央对此项目的转移支付。

科技重大项目 指填在政府收支分类科目 20609 中用于科技重大项目方面的支出，包括中央对此项目的转移支付。

其他科学技术支出 指填在政府收支分类科目 20699 中用于除以上各项以外用于科技方面的支出，包括科技奖励支出、补助给转制为企业科研机构的等支出，包括中央对此项目的转移支付。

中央对地方科技专项转移支付 指政府收支分类科目 206 中央财政对地方的各项科技转移支付。

研究与试验发展（R&D） 指在科学技术领域，为增加知识总量及运用这些知识去创造新的应用而进行的系统的、创造性的活动，包括基础研究、应用研究、试验发展三类活动。

R&D 人员 指调查单位内部从事基础研究、应用研究和试验发展三类活动的人员。包括直接参加上述三类项目活动的人员及这三类项目的管理人员和直接服务人员。为研发活动提供直接服务的人员包括直接为研发活动提供资料文献、材料供应、设备维护等服务的人员。

R&D 人员全时当量 指国际上通用的、用于比较科技人力投入的指标。指 R&D 全时人员（全年从事 R&D 活动累积工作时间占全部工作时间的 90% 及以上人员）工作量与非全时人员按实际工作时间折算的工作量之和。例如：有 2 个 R&D 全时人员（工作时间分别为 0.9 年和 1 年）和 3 个 R&D 非全时人员（工作时间分别为 0.2 年、0.3 年和 0.7 年），则 R&D 人员全时当量＝ 1+1+0.2+0.3+0.7=3.2（人年）。

研究人员 指 R&D 人员中具备中级以上职称或博士学历（学位）的人员。

基础研究 指为了获得关于现象和可观察事实的基本原理的新知识（揭示客观事物的本质、运动规律，获得新发展、新学说）而进行的实验性或理论性研究，它不以任何专门或特定的应用或使用为目的。

应用研究 指为获得新知识而进行的创造性研究，主要针对某一特定的目的或目标。应用研究是为了确定基础研究成果可能的用途，或是为达到预定的目标，探索应采取的新方法（原理性）或新途径。

试验发展 指利用从基础研究、应用研究和实际经验所获得的现有知识，为产生新的产品、材料和装置，建立新的工艺、系统和服务，以及对已产生和建立的上述各项作实质性的改进而进行的系统性工作。

R&D 经费内部支出 指调查单位在报告年度用于内部开展 R&D 活动的实际支出。包括用于 R&D 项目（课题）活动的直接支出，以及间接用于 R&D 活动的管理费、服务费、与 R&D 有关的基本建设支出及外协加工费等。不包括生产性活动支出、归还贷款支出及与外单位合作或委托外单位进行 R&D 活动而转拨给对方的经费支出。

日常性支出 指调查单位在报告年度为开展 R&D 活动而发生的人员劳务费，以及其各项管理费用和购买非资产性的材料、物资等其他日常支出。

资产性支出 指调查单位在报告年度为开展 R&D 活动而进行建造、购置、安装、改建、扩建固定资产，以及进行设备技术改造和大修理等实际支出的费用。

政府资金　指调查单位R&D经费内部支出中来自各级政府部门的各类资金，包括财政科学技术拨款、科学基金、教育等部门事业费及政府部门预算外资金的实际支出。

企业资金　指调查单位R&D经费内部支出中来自本企业的自有资金和接受其他企业委托而获得的经费，以及科研院所、高校等事业单位从企业获得的资金的实际支出。

R&D经费外部支出合计　指报告年度调查单位委托外单位或与外单位合作进行R&D活动而拨给对方的经费。

R&D项目（课题）　指调查单位在当年立项并开展研究工作、以前立项仍继续进行研究的研究开发项目或课题，包括当年完成和年内研究工作已告失败的研发项目或课题。

发表科技论文　指在学术刊物上以书面形式发表的最初的科学研究成果。应具备以下3个条件：①首次发表的研究成果；②作者的结论和试验能被同行重复并验证；③发表后科技界能引用。

形成国家或行业标准数　指报告年度调查单位在自主研发或自主知识产权基础上形成的国家或行业标准。形成国家或行业标准须经有关部门批准。

新产品　指采用新技术原理、新设计构思研制、生产的全新产品，或在结构、材质、工艺等某一方面比原有产品有明显改进，从而显著提高了产品性能或扩大了使用功能的产品。

营业务收入　指会计“利润表”中对应指标的本年累计数。未执行2001年《企业会计制度》的企业，用“产品销售收入”的本期累计数代替。

利润总额　指企业生产经营活动的最终成果，是企业在一定时期内实现的盈亏相抵后的利润总额（亏损以“—”号表示），它等于营业利润加上补贴收入加上投资收益加上营业外净收入再加上以前年度损益调整。

创新　指本企业推出了新的或有重大改进的产品或工艺，或采用了新的组织管理方式或营销方法。此处的“新”是指它们对本企业而言必须是新的，但对于其他企业或整个市场而言不要求一定是新的。

产品创新　指企业推出了全新的或有重大改进的产品。产品创新的“新”要体现在产品的功能或特性上，包括技术规范、材料、组件、用户友好性等方面的重大改进；不包括产品仅有外观变化或其他微小改变的情况，也不包括直接转销。

工艺创新　指企业采用了全新的或有重大改进的生产方法、工艺设备或辅助性活动，其中辅助性活动是指企业的采购、物流、财务、信息化等活动。工艺创新的“新”要体现在技术、设备、软件或流程上；不包括单纯的组织管理方式的变化。

技术创新　产品创新和工艺创新统称为技术创新。

组织创新　指企业采取了此前从未使用过的全新的组织管理方式，主要涉及企业的经营模式、组织结构或外部关系等方面；不包括单纯的合并或收购。应是企业管理层战略决策的结果。

营销创新　指企业采用了此前从未使用过的全新的营销概念或营销策略，主要涉及产品设计或包装、产品推广、产品销售渠道、产品定价等方面；不包括季节性、周期性变化和其他常规的营销方式变化。

创新活动　指为实现创新而进行的科学、技术、组织、商业等各种活动的总称。具体包括：开展了产品或工艺创新活动，或实现了组织或营销创新。

正在进行的产品或工艺创新活动　指正在进行、尚未完成预定目标任务的产品或工艺创新活动。

中止的产品或工艺创新活动　指由于各种原因中断、延期、放弃或失败的产品或工艺创新活动。

新颖度类别　指产品或工艺的新颖程度，按照从低到高依次为无创新、本企业新、国内市场新、国际市场新。其中无创新是指未推出新的产品或工艺，或原有的产品或工艺未发生重大改进；本企业新是指产品或工艺对于本企业而言是全新的或有重大改进的，但对于其他企业或整个市场而言并不是；国内市场新是指产品或工艺对于国内市场而言是全新的或有重大改进的，但对于国际市场而言并不是；国际市场新是指产品或工艺在世界范围内是全新的或有重大改进的。

外部研发　指企业委托其他单位或与其他单位合作开展的研发活动。

创新合作　指企业与其他企业或机构共同开展产品或工艺创新活动。创新合作要求企业必须是积极主动参与的，不包括纯外包项目，双方不一定要取得商业利益。

先发优势　指企业由于率先开发出某种产品或工艺创新，或率先进入某一个领域，从而获得领先其他企业的市场竞争优势。

专利　是专利权的简称，是发明人的发明创造经审查合格后，由专利局依据专利法授予发明人和设计人对该项发明创造享有的专有权。包括发明专利、实用新型专利和外观设计专利。反映拥有自主知识产权的科技和设计成果情况。

发明专利　指对产品、方法或者其改进所提出的新的技术方案。是国际通行的反映拥有自主知识产权技术的核心指标。

有效发明专利数　指调查单位作为专利权人在报告年度拥有的、经国内外知识产权行政部门授权且在有效期内的发明专利件数。

期末有效发明专利数　指报告期末企业作为第一专利权人拥有的、经境内外知识产权行政部门授权且在有效期内的发明专利件数。这里不包括实用新型专利和外观设计专利。

实用新型专利　指对产品的形状、构造或者其结合所提出的适于实用的新的技术方案。

外观设计专利　指对产品的形状、图案或者其结合及色彩与形状、图案的结合所作出的富有美感并适于工业应用的新设计。

专利所有权转让及许可数　指报告年度调查单位向外单位转让专利所有权或允许专利技术由被许可单位使用的件数。

专利所有权转让与许可收入　指报告年度调查单位向外单位转让专利所有权或允许专利技术由被许可单位使用而得到的收入。包括当年从被转让方或被许可方得到的一次性付款和分期付款收入，以及利润分成、股息收入等。

科技活动经费内部支出　指报告年内用于科技活动的实际支出，包括劳务费、科研业务费、科研管理费，非基建投资构建的固定资产、科研基建支出及其他用于科技活动的支出。不包括生产性活动支出、归还贷款支出及转拨外单位支出。反映科技投入实际完成情况。

工业总产值　指工业企业在报告期内生产的以货币形式表现的工业最终产品和提供工业劳务活动的总价值量。包括本期生产成品价值、对外加工费收入、自制半成品、在制品期末期初差额价值。

营业收入　指企业经营主要业务和其他业务所确认的收入总额。营业收入合计包括“主营业务收入”和“其他业务收入”。

技术收入　指企业全年用于技术转让、技术承包、技术咨询与服务、技术入股、中试产品收入及接受外单位委托的科研收入等。

产品销售收入　指企业全年销售全部产成品、自制半成品和提供劳务等所取得的收入。

商品销售收入　指企业销售以出售为目的而购入的非本企业生产产品的销售收入。

年末从业人员　指在报告期末，在企业中从事劳动并取得劳动报酬或经营收入的全部劳动力。

年末资产　指企业在报告年末拥有或控制的能以货币计量的经济资源，包括各种财产、债权和其他权利。资产按其流动性（资产的变现能力和支付能力）划分为：流动资产、长期投资、固定资产、无形资产、递延资产和其他资产。

年末负债　按会计报表的流动负债与长期负债之和填写。

科普专职人员　指在统计年度中，从事科普工作时间占其全部工作时间 60% 及以上的人员。包括各级国家机关和社会团体的科普管理工作者，科研院所和大中专院校中从事专业科普研究和创作的人员，专职科普作家，中小学专职科技辅导员，各类科普场馆的相关工作人员，科普类图书、期刊、报刊科技（普）专栏版的编辑，电台、电视台科普频道、栏目的编导，科普网站信息加工人员等。

科普兼职人员　指在非职业范围内从事科普工作，仅在某些科普活动中从事宣传、辅导、演讲等工作的人员及工作时间不能满足科普专职人员要求的从事科普工作的人员。包括进行科普讲座等科普活动的科技人员、中小学兼职科技辅导员、参与科普活动的志愿者、科技馆（站）的志愿者等。

注册科普志愿者　指按照一定程序在共青团、科协等组织或科普志愿者注册机构注册登记，自愿参加科普服务活动的志愿者。

科技馆　以科技馆、科学中心、科学宫等命名的以展示教育为主，传播、普及科学的科普场馆。

科学技术博物馆　包括科技类博物馆、天文馆、水族馆、标本馆及设有自然科学部的综合博物馆等。

年度科普经费筹集额　指本单位内可专门用于科普工作管理、研究及开展科普活动等科普事业的各项收入之和。

年度科普经费使用额　指本单位内实际用于科普管理、研究及开展科普活动的全部实际支出。

科技活动周经费筹集额　指本年度科技活动周期间，本单位筹集的准备用于科技活动周的经费总额。

科普场馆基建支出　指本年度内实际用于科普场馆的基本建设资金。包括实际用于科普场馆的土建费（场馆修缮和新场馆建设）及添加科普展品和设施所产生的费用两部分。

科普图书　指以非专业人员为阅读对象，以普及科学知识、倡导科学方法、传播科学思想、弘扬科学精神为目的，在新闻出版机构登记、有正式刊号的科技类图书。

科普期刊　指面向社会发行并在新闻出版机构登记、有正式刊号或有内部准印证的科普性刊物。

科普（技）音像制品　指以普及科学知识、倡导科学方法、传播科学思想、弘扬科学精神为目的，正式出版的音像制品。

科普（技）讲座　指各种面向社会的以普及科学知识、倡导科学方法、传播科学思想、弘扬科学精神为主要内容的科技讲座。由讲座的第一组织单位填写。如由几个单位联合举办，组织单位名单中排名第一的为第一组织者，其他几个组织单位不再统计本次活动，下同。

科普（技）展览　指围绕某个主题所进行的具有科普性质的展教活动，包括常设展览、临时展览和巡回展览；参观人次只统计参观专题展览的人次，而不是场馆的年度总参观人次。

科普（技）竞赛　指国家机关、社会团体及其他组织作为第一组织者开展的科技知识普及性竞赛。由竞赛的第一组织单位填写。

科普国际交流　指填表单位与其他国家及境外地区进行的有关科普接待和外派参加会议、访问、展览、培训等交流活动。

重大科普活动　指参加活动的人次在1000人次以上的科普活动。该项由活动的第一组织单位填写。

众创空间　指顺应新科技革命和产业变革新趋势、有效满足网络时代大众创新创业需求的新型创业服务平台。